Ikram Brahim

Variabilité Génétique du Virus de l'Hépatite C au Maroc

Ikram Brahim

Variabilité Génétique du Virus de l'Hépatite C au Maroc

Phylodynamique moléculaire du virus de l'hépatite C

Presses Académiques Francophones

Impressum / Mentions légales
Bibliografische Information der Deutschen Nationalbibliothek: Die Deutsche Nationalbibliothek verzeichnet diese Publikation in der Deutschen Nationalbibliografie; detaillierte bibliografische Daten sind im Internet über http://dnb.d-nb.de abrufbar.

Information bibliographique publiée par la Deutsche Nationalbibliothek: La Deutsche Nationalbibliothek inscrit cette publication à la Deutsche Nationalbibliografie; des données bibliographiques détaillées sont disponibles sur internet à l'adresse http://dnb.d-nb.de.

Coverbild / Photo de couverture: www.ingimage.com

Verlag / Editeur:
Presses Académiques Francophones
ist ein Imprint der / est une marque déposée de
OmniScriptum GmbH & Co. KG
Heinrich-Böcking-Str. 6-8, 66121 Saarbrücken, Deutschland / Allemagne
Email: info@presses-academiques.com

Herstellung: siehe letzte Seite /
Impression: voir la dernière page
ISBN: 978-3-8381-4246-3

Tous les mots ne sauraient exprimer la gratitude, l'amour, le respect, la reconnaissance…

Aussi, c'est tout simplement que

Je dédie cette Thèse…

A MES TRES CHERS PARENTS

Je vous dédie ce travail en reconnaissance de l'amour que vous m'avez offert depuis mon enfance, de tous les sacrifices que vous vous êtes imposées pour assurer mon éducation et mon bien être, de votre tolérance, et de votre bonté exceptionnelle.
J'espère toujours être à la hauteur de ce que vous attendez de moi, et ne jamais vous décevoir. Je prie dieu le tout puissant vous donner santé, bonheur et longue vie afin que je puisse un jour vous rendre un peu de ce que vous avez fait pour moi.

A MA TRES CHERE SŒUR

Quoique je dise, je ne saurai exprimer mon respect et mon amour envers toi.
Tu m'as accompagné dans toutes les étapes de ma vie, tu m'as conseillé, tu m'as épaulé, tu m'as supporté dans mes moments difficiles.
J'espère que tu trouveras dans ce travail un témoignage de mes sentiments les plus sincères et les plus affectueux.

A MES TRES CHERS FRERES

Je vous dédie cette thèse en témoignage de mon respect, de mon affection et en vous remerciant pour la gentillesse et l'encouragement dont vous avez fait preuve à mon égard…
Que dieu vous prête longue vie, et vous épargne toutes les peines et vous comble de bonheur, de joie et de réussite.

A MON GRAND-PERE

Puisse Dieu vous protéger et vous garder en bonne santé.

A LA MEMOIRE DE MES GRANDS-PARENTS

Que les portes du paradis vous soient grandes ouvertes.

A CEUX QUE J'AIME ET CEUX QUI M'AIMENT

Remerciements

Mes remerciements vont tout d'abord au **Pr. Mohamed OUAZZANI TOUHAMI**, Doyen de la faculté des Sciences Ain Chock de Casablanca, pour avoir accepté de m'inscrire au sein de la faculté des Sciences Ain Chock de Casablanca pour continuer mes études doctorales.

Je tiens à remercier le **Pr. Ahmed MENAI**, Directeur du Centre d'Etudes Doctorales (CED-Sciences Fondamentales et Appliquées) de la Faculté des Sciences Ain Chock de Casablanca, pour sa disponibilité et ses encouragements et aussi à l'organisation des journées et des activités qui permettent au doctorant une ouverture sur le monde professionnel.

Je remercie également **Pr. Abdelaziz SOUKRI**, Chef de département de biologie et Directeur de laboratoire de Physiologie et Génétique Moléculaire au sein de la faculté des Sciences Ain Chock de Casablanca de m'avoir accepté dans son laboratoire et l'intérêt qu'il a porté à ce travail qui a été réalisé en étroite collaboration avec le département de virologie médicale-P3_Laboratoire des hépatites virales à l'Institut Pasteur du Maroc.

Mes remerciements vont à mon directeur de thèse **Pr. El Mostafa MTAIRAG**, Professeur de l'enseignement supérieur à la faculté des Sciences Ain Chock de Casablanca. Je le remercie pour m'avoir prodigué, avec une constante et des qualités humaines et scientifiques. Pour l'intérêt qu'il a porté à ce travail de thèse. Je lui suis particulièrement reconnaissante pour sa confiance ainsi que ses précieux conseils. Qu'il trouve ici le témoignage de ma profonde reconnaissance.

Je remercie, **Dr. Soumaya BENJELLOUN**, Directrice de laboratoire des hépatites virales pour m'avoir accueilli dans son laboratoire. Je la remercie pour la confiance qu'elle m'a accordée durant ces quatre années. Je me souviendrai de l'énergie et de la motivation communicative qui se dégagent de ce laboratoire. Cette énergie a définitivement marqué ma thèse tout comme le plaisir et l'honneur d'avoir travaillé au sein de cette équipe. Qu'elle trouve ici le témoignage de ma profonde reconnaissance.

Je tiens à remercier les différents membres du jury qui ont accepté d'examiner et d'évaluer mon travail :

Madame le Pr. Mounia OUDGHIRI, Professeur de l'enseignement supérieur à la Faculté des Sciences Ain Chock de Casablanca, qui a accepté de juger cette thèse en qualité de rapporteur. Je la remercie de me faire l'honneur de présider mon jury de thèse. Veuillez trouver ici l'expression de mon profond respect et de toute ma gratitude.

Monsieur le Pr. Abderraouf HILALI, Professeur de l'enseignement supérieur et Vice Doyen Pédagogie à la Faculté des Sciences et Techniques de Settat. Je le remercie d'avoir accepté la charge d'être rapporteur de cette thèse. Je tiens à l'assurer de mon profond respect et de mes sincères remerciements.

Monsieur le Pr. Moulay Mustapha ENNAJI, Professeur de l'enseignement supérieur à la Faculté des Sciences et Techniques de Mohammedia pour avoir accepté d'être rapporteur de cette thèse. Je le remercie pour l'intérêt et la considération qu'il a porté à ce travail. Je lui adresse mes sincères remerciements ainsi que ma profonde gratitude.

Monsieur le Pr. Abderrahim MALKI, Professeur de l'enseignement supérieur à la Faculté des Sciences Ben M'sik de Casablanca pour l'honneur qu'il me fait en acceptant d'examiner ce travail et de siéger parmi les membres de ce jury de thèse. Je tiens à l'assurer de mon profond respect et de mes sincères remerciements.

Monsieur le Pr. Mohamed BLAGHEN, Professeur de l'enseignement supérieur à la Faculté des Sciences Ain Chock de Casablanca qui me fait l'honneur d'examiner ce travail et de siéger à ce jury de soutenance de thèse. Qu'il soit assuré de ma sincère reconnaissance et de tous mes remerciements.

Les années que j'ai passé au sein de l'Institut Pasteur du Maroc m'ont permis de faire la connaissance de nouveaux amis et camarades avec qui j'ai partagé aussi bien des moments de joie que des moments de détresse :

Mes remerciements vont tout d'abord au **Dr. Sayeh EZZIKOURI**, Chercheur au laboratoire des hépatites virales à l'Institut Pasteur du Maroc, qui m'a aidé durant ces quatre années de cette thèse en y apportant conseils et soutien. Je lui suis reconnaissante pour la confiance qu'il m'a témoignée et l'expérience dont il m'a fait bénéficier. Je lui adresse mes sincères remerciements ainsi que mon plus profond respect.

Je tiens à remercier **Latifa ANGA**, **Fatima-Zohra FAKHIR**, **Hasna AMDIOUNI**, **Laila BENABBES**, **Lamia MIRI**, **Abdellah FAOUZI**, **Khadija REBBANI**, **Bouchra KITAB**, **Sanaa TAZI**, **Meryem HIJRI**, **Mina LAKHSIR**, **Malika ELKAROUTI**, **Laila AMAR** et **Dr. Omar ABIDI**. Merci pour votre sympathie, gentillesse et votre aide quand je l'en ai besoin et pour tous les moments que nous avons passé ensemble.

Je remercie **Dr. Jalal NOURLIL** et **Dr. Lahcen WAKRIM** pour leurs gentillesses, leurs serviabilité et pour leurs esprits ouverts et communicatifs.

Je remercie également les membres du personnel du service de médecine B du CHU Ibn Rochd pour avoir assuré les échantillons. Mes sincères remerciements vont particulièrement au **Pr. Salwa NADIR** et **Pr. Rhimou ALAOUI**.

Je remercie mes camarades et mes amis de la faculté des Sciences Ain Chock de Casablanca et plus particulièrement, je remercie **Fadila AMRAOUI**, **Hayeria ISSOUF**, **Ikram WAHABI**, **Houda BENRAHMA**, **Loubna JAMALI** et **Nadia ERRAFIY** merci pour votre gentillesse et votre présence.

Un grand merci à tous les patients consentants qui ont accepté de participer à ce travail de thèse.

Enfin, A toutes les personnes que je m'en suis pas rappelées ou ai oublié de remercier, qu'elles trouvent ici l'expression de ma sincère reconnaissance.

Publications

Ezzikouri S, Alaoui R, Rebbani K, **Brahim I**, Fakhir FZ, Nadir S, Diepolder H, Khakoo SI, Thursz M, Benjelloun S. Genetic Variation in the Interleukin-28B Gene Is Associated with Spontaneous Clearance and Progression of Hepatitis C Virus in Moroccan Patients. PLoS One 2013;8(1):e54793.

Brahim I, Ezzikouri S, Mtairag el M, Alaoui R, Nadir S, Pineau P, Benjelloun S. Amino Acid Substitutions in the hepatitis C Virus Core Region of Genotype 1b in Moroccan patients. Infect Genet Evol. 2013;14:102-4.

Brahim I, Akil A, Mtairag el M, Pouillot R, Malki AE, Njouom R, Pineau P, Ezzikouri S, Benjelloun S, Nadir S, Alaoui R. Genetic variability of Hepatitis C Virus in Moroccan population. Retrovirology 2012; 9(Suppl 1):P50

Brahim I, Akil A, Mtairag el M, Pouillot R, Malki AE, Nadir S, Alaoui R, Njouom R, Pineau P, Ezzikouri S, Benjelloun S. Morocco underwent a drift of circulating hepatitis C virus subtypes in recent decades. Arch Virol 2012;157(3):515-20.

Kitab B, El Feydi AE, Afifi R, Derdabi O, Cherradi Y, Benazzouz M, Rebbani K, **Brahim I**, Salih Alj H, Zoulim F, Trepo C, Chemin I, Ezzikouri S, Benjelloun S. Hepatitis B genotypes/subgenotypes and MHR variants among Moroccan chronic carriers. J Infect 2011;63(1):66-75.

Ezzikouri S, Rebbani K, Mostafa A, El Feydi AE, Afifi R, **Brahim I**, Kitab B, Benazzouz M, Kandil M, Nadifi S, Pineau P, Benjelloun S. Influence of mutation of the HFE gene on the progression of chronic viral hepatitis B and C in Moroccan patients. J Med Virol 2011;83(12):2096-102.

Kitab B, Afifi R, Essaid El Feydi A, Benazzouz M, Salih Alj H, Rebbani K, **Brahim I**, Derdab O, Cherradi Y, Hassar M, Ezzikouri S, Benjelloun S. Genetic variability of Hepatitis B virus in Morocco. BMC Proceedings 2011 5(Suppl 1):P22.

Communications

Communications orales

Ikram Brahim, Abdelah Akil, El Mostafa Mtairag, Régis Pouillot, Abdelouhad El Malki, Salwa Nadir, Rhimou Alaoui, Richard Njouom, Pascal Pineau, Sayeh Ezzikouri, Soumaya Benjelloun. Molecular analysis of Hepatitis C Virus in Moroccan population. Deuxième édition du Congrès International « Microbial Biotechnology for Development ». Marrakech, Maroc. 02-04 Octobre 2012.

Ikram Brahim, Abdelah Akil, El Mostafa Mtairag, Régis Pouillot, Abdelouhad El Malki, Salwa Nadir, Rhimou Alaoui, Richard Njouom, Pascal Pineau, Sayeh Ezzikouri, Soumaya Benjelloun. Phylodynamique moléculaire du Virus de l'Hépatite C. Troisièmes journées de la Société Marocaine d'Immunologie (Jsmi3). Casablanca, Maroc. 02 Décembre 2011.

Ikram Brahim, Abdelah Akil, El Mostafa Mtairag, Régis Pouillot, Abdelouhad El Malki, Salwa Nadir, Rhimou Alaoui, Richard Njouom, Pascal Pineau, Sayeh Ezzikouri, Soumaya Benjelloun. Variabilité Génétique du Virus de l'Hépatite C au Maroc. 35ème Congrès National de la SMMAD. Rabat, Maroc. 14-15 Octobre 2011.

Communications affichées

Ikram Brahim, Abdelah Akil, El Mostafa Mtairag, Régis Pouillot, Abdelouhad El Malki, Richard Njouom, Pascal Pineau, Sayeh Ezzikouri, Soumaya Benjelloun, Salwa Nadir, Rhimou Alaoui. Genetic variability of Hepatitis C Virus in Moroccan population. 17th International Symposium on HIV and Emerging Infectious Diseases (ISHEID). Marseille, France. 23-25 May 2012.

Ikram Brahim, Abdelah Akil, El Mostafa Mtairag, Régis Pouillot, Abdelouhad El Malki, Salwa Nadir, Rhimou Alaoui, Richard Njouom, Pascal Pineau, Sayeh Ezzikouri, Soumaya Benjelloun. Phylodynamique moléculaire du virus de l'hépatite C chez une population marocaine. Troisième Colloque International de Biotechnologie Microbienne (CIBM) sous le thème « Innovation Technologique et Valorisation des Biomolécules ». Tanger, Maroc. 15-17 Mars 2012.

Ikram Brahim, Abdelah Akil, El Mostafa Mtairag, Mohammed Hassar, Abdelouhad El Malki, Salwa Nadir, Sayeh Ezzikouri, Soumaya Benjelloun. Phylogenetic analysis of hepatitis C virus in HCV-infected Moroccan Patients. 9th Annual Meeting Bridging Moroccan Scientists Around the World. Ifrane, Maroc. 19-22 July 2010.

Table des matières

Abréviations

AA	: Acide aminé
Ac	: Anticorps
ADN	: Acide Désoxyribonucléique
ADNc	: ADN complémentaire
Ag	: Antigène
ALAT	: Alanine aminotransférase
ARN	: Acide Ribonucléique
ASAT	: Aspartate amino transferase
BVDV	: Bovine Viral Diarrhea Virus
CHC	: Carcinome hépatocellulaire
CPA	: Cellule présentatrice de l'antigène
CTL	: Lymphocytes T cytotoxiques
DC	: Cellules dendritiques
ddNTP	: 2', 3'-didésoxyribonucléoside-5'-triphosphate
dNTP	: 2'-désoxyribonucléoside-5'-triphosphate
EDTA	: Ethylène Diamine Tétra Acétique
eIF	: Eukaryotic initiation factor
GFP	: Protéine verte fluorescente
HC	: Hépatite C chronique modérée
HVR	: Région hypervariable
IFNα	: Interféron alfa
IL	: Interleukine
IMPDH	: Inosine Monophosphate Déshydrogénase
IRES	: Internal Ribosomal Entry Site
IRF	: Interferon Regulatory Factor
ISG	: IFN-Stimulated gene
Jaks	: Janus kinase
JFH-1	: Japanese Fulminant Hepatitis-1
LDLR	: Low Density Lipoprotein Receptor
ML	: Maximum Likelihood ou Maximum de vraisemblance
NC	: Non codante
NF-κB	: Nuclear Factor κappa B

NK	: Natural Killer
NKT	: Lymphocytes Natural killer T
NTPase	: Nucléotide triphosphate hydrolase
pb	: Paire de base
PBH	: Ponction Biopsie Hépatique
PCR	: Polymerase Chain Reaction
pegIFNα	: Interféron alpha pégylé
PKR	: Protéine kinase dépendante des ARN bicaténaires
RBV	: Ribavirine
RdRp	: ARN polymérases ARN dépendante
RE	: Réticulum endoplasmique
RIG-I	: Retinoic acid inducible gene I
RT-PCR	: Reverse transcription-polymerase chain reaction
RVP	: Réponse virologique précoce
RVR	: Réponse virologique rapide
RVS	: Réponse virologique soutenue
SAP	: Shrimp Alcaline Phosphatase
SNP	: Single nucleotide polymorphism
SPSS	: Statistical Package for Social Sciences program
SR-BI	: Scavenger receptor class B type I
STATs	: Signal transducer and activator of transcription
TAE	: Tris Acétate EDTA
Td	: Température de dissociation
TLR	: Toll-like receptor
UI	: Unité Internationale
UPGMA	: Unweight Pair Group Method with Arithmetic mean
VHC	: Virus de l'hépatite C
VHCcc	: VHC en culture cellulaire
VHC-LP	: Particules virus-like
VHCpp	: Pseudoparticules de VHC
VIH	: Virus de l'Immunodéficience Humaine
VSV	: Virus de la Stomatite Vésiculaire
YFV	: Yellow Fever Virus

Liste des tableaux et des figures

Tableaux

Figures

Introduction générale

L'infection par le virus de l'hépatite C (VHC) constitue un problème majeur de la santé publique. Selon les estimations de l'Organisation Mondiale de la Santé, plus de 170 millions de personnes sont infectées par ce virus. Soit 3% de la population mondiale (WHO, 1999). Le génome du VHC a été caractérisé pour la première fois en 1989, grâce aux avancées de la biologie moléculaire à partir du sérum d'un sujet présentant une hépatite chronique post-transfusionnelle non-A non-B (Choo et al., 1989). C'est un ARN simple brin de polarité positive codant pour un seul cadre de lecture (ORF). L'agent causal des hépatites non-A non- B, ainsi identifié, a été nommé VHC.

A cette époque, la visualisation de la particule virale et la culture du virus *in vitro* n'étaient pas réalisables. En 20 ans, les progrès scientifiques ont permis la mise au point d'un système de culture cellulaire efficace pour le VHC. Cette découverte a ouvert une nouvelle ère dans la recherche sur le VHC permettant ainsi d'élucider les mécanismes d'entrée et du cycle réplicatif du VHC dans les cellules hépatocytaires, et de cribler de nouvelles molécules à visée thérapeutique.

La variabilité génétique du VHC est à l'origine de l'émergence et de la diversification des différents génotypes du virus au cours de l'évolution (Simmonds, 2004). Elle est également impliquée dans la physiopathologie de l'infection, aussi bien dans les mécanismes de persistance virale que dans la résistance aux molécules anti-virales. Les isolats du VHC ont été classés par degré d'identité de séquence en six génotypes (numérotés de 1 à 6), les génotypes étant eux-mêmes subdivisés en plus de 70 sous-types (a, b, c…) (Simmonds et al., 2005). Cette grande variabilité de ce virus pose un réel problème aussi bien dans la prise en charge des patients chroniquement infectés que dans la conception du vaccin. L'étude de la variabilité et de ses implications constitue un enjeu important dans la lutte contre le VHC. En effet, la diversité de réponse au traitement anti-VHC et la persistance ou non du virus dans l'organisme sont la conséquence de mécanismes complexes et multifactoriels.

Chacun des paramètres impliqués dans la réponse au traitement (le virus, l'hôte et les molécules antivirales) peut contribuer au succès ou à l'échec thérapeutique. Le traitement de l'infection chronique repose actuellement sur l'association de l'interféron-alpha pégylé et de la ribavirine. Dans le cas d'une infection par le VHC, la détermination du génotype viral est indispensable. Le génotype conditionne les indications du traitement, les modalités du bilan pré-thérapeutique et la stratégie thérapeutique elle-même. En effet, dans le cas du virus de génotype 2 ou 3, les traitements actuels sont plus efficaces et leur durée est plus brève (Hadziyannis et al., 2004). Cette bithérapie pégylée reste inefficace chez environ 45% des patients infectés par le génotype 1 (EASL, 2012). En conséquence, on s'attend à une augmentation du nombre de patients pouvant présenter des complications, notamment un carcinome hépatocellulaire (CHC) dans les 20 ans à venir (Williams, 2006).

Une meilleure connaissance des facteurs influençant le traitement, des interactions virus-hôte, et du cycle réplicatif du virus sont nécessaires afin de développer des thérapeutiques plus efficaces et mieux tolérées. Deux nouveaux inhibiteurs de la protéase (Bocéprévir et Télaprévir) ont reçu une autorisation de mise sur le marché (AMM) en fin 2011. Ces molécules doivent être associées à l'interféron-alpha pégylé et la ribavirine ce qui permet probablement d'augmenter le taux de succès thérapeutique des patients infectés par le génotype 1 (80%) (Hezode et al., 2009; McHutchison et al., 2009).

Dans ce contexte, il est important de connaître les différentes souches VHC circulantes au Maroc pour lesquelles peu de données étaient disponibles à ce jour et d'identifier leurs prévalences respectives chez notre population marocaine. Pour cette raison, nous avons étudié dans un premier temps la variabilité et l'épidémiologie des souches VHC circulantes au Maroc chez des patients chroniquement infectés par le VHC. Les analyses phylogénétiques des régions NS5B et de la capside permettent d'identifier les sous-types du VHC, l'association des sous-types prédominants et la sévérité de l'atteinte hépatique et leur dynamique d'évolution au cours du temps. Dans un deuxième temps, nous avons identifié les mutations dans la région codant pour la protéine de la capside et déterminé la prévalence de ces mutations dans notre population marocaine naïve de tout traitement antiviral puis nous avons étudié l'association des sous-types prédominants à la sévérité de l'atteinte hépatique.

Chapitre I : Synthèse bibliographique

I. Virus de l'hépatite C

A. Taxonomie

Le code de nomenclature géré par le Comité International de Taxonomie des Virus, en anglais International Committee on Taxonomy of Viruses (ICTV) classe les virus en fonction de la nature de leur génome qui peut être de l'ADN (Acide désoxyribonucléique) ou de l'ARN (Acide ribonucléique). Parmi les virus à ARN, on distingue les virus à ARN bicaténaire (rotavirus groupe A), les virus à ARN monocaténaire de polarité négative (virus de la grippe) et les virus à ARN monocaténaire de polarité positive (virus de l'hépatite A, entérovirus et virus de l'hépatite C). Le virus de l'hépatite C (VHC) est actuellement classé dans les *Flaviviridae* qui comporte trois genres : le genre *Hepacivirus* auquel appartient le VHC, le genre *Pestivirus* comprenant des virus responsables d'infections chez l'animal comme le virus de la peste porcine classique (classical swine fever virus, CSFV) et le virus de la diarrhée virale bovine (bovine viral diarrhea virus, BVDV) et le genre *Flavivirus* comportant de nombreux virus comme le virus de la dengue (dengue virus, DENV), le virus de la fièvre jaune (yellow fever virus, YFV) ou le virus de l'encéphalite japonaise (japanese encephalitis virus , JEV). Les virus GB de type A, B et C (GB sont les initiales du patient chez lequel ce type de virus a été identifié, GBV) appartenant à des *Flaviviridae* n'ont été classés dans aucun de ces 3 genres (Figure 1).

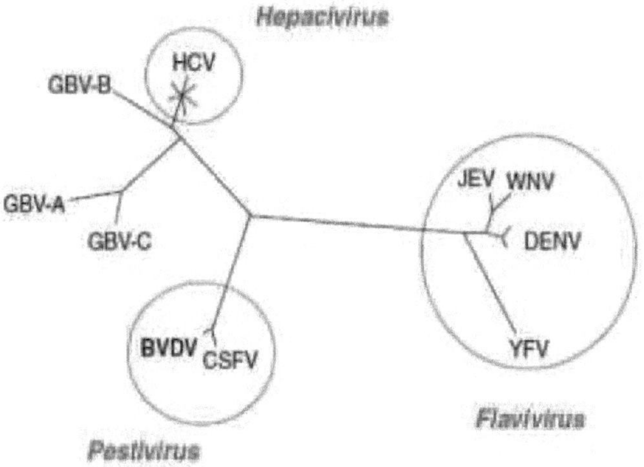

Figure 1 : Arbre phylogénétique schématique des genres et des principaux virus des *Flaviviridae* (d'après Simons et al., 2000).

B. Organisation structurale et génomique

Le VHC est un petit virus enveloppé de 55 à 65 nm de diamètre (Shimizu et al., 1996), très difficilement visualisé en microscope électronique. De forme grossièrement arrondie, il est constitué, de l'extérieur vers l'intérieur, d'une enveloppe molle contenant des lipides et des protéines, d'une coque rigide appelée capside et du génome, courte molécule d'ARN contenant l'information génétique qui lui permet de se multiplier dans les cellules (Figure 2).

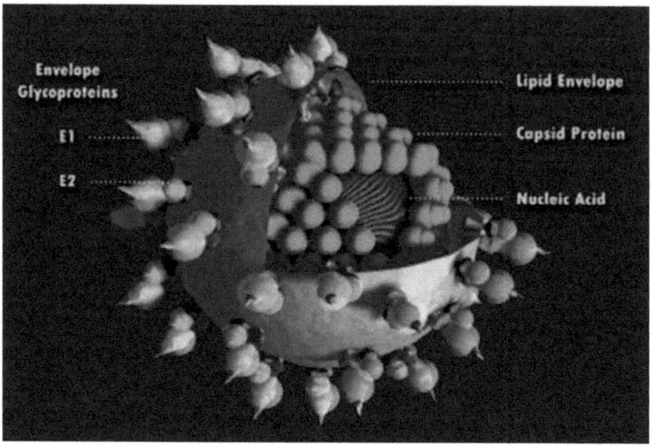

Figure 2 : Modèle tridimensionnelle du virus de l'hépatite C (d'après Henderson, 2001).

Le génome du VHC est une molécule d'ARN simple brin de polarité positive de 9,6 kb, qui après l'entrée du virion dans la cellule est reconnu comme un ARN messager et traduit par la machinerie cellulaire de l'hôte pour former une polyprotéine précurseur d'environ 3000 acides aminés (AA) (Penin et al., 2004). La polyprotéine subit l'action d'enzymes cellulaires et virales au niveau de la membrane du réticulum endoplasmique (RE) pour donner naissance à 10 protéines virales (Figure 3) :

- les protéines structurales à savoir la protéine de capside ou protéine C, les protéines d'enveloppe E1 et E2, p7 ;
- les protéines non structurales NS2, NS3, NS4A, NS4B, NS5A et NS5B.

Un système de numérotation de la séquence nucléotidique et en AA a été proposé sur la base de la séquence du génome complet de l'isolat H77 (numéro d'accession : AF009606) (Kuiken et al., 2006).

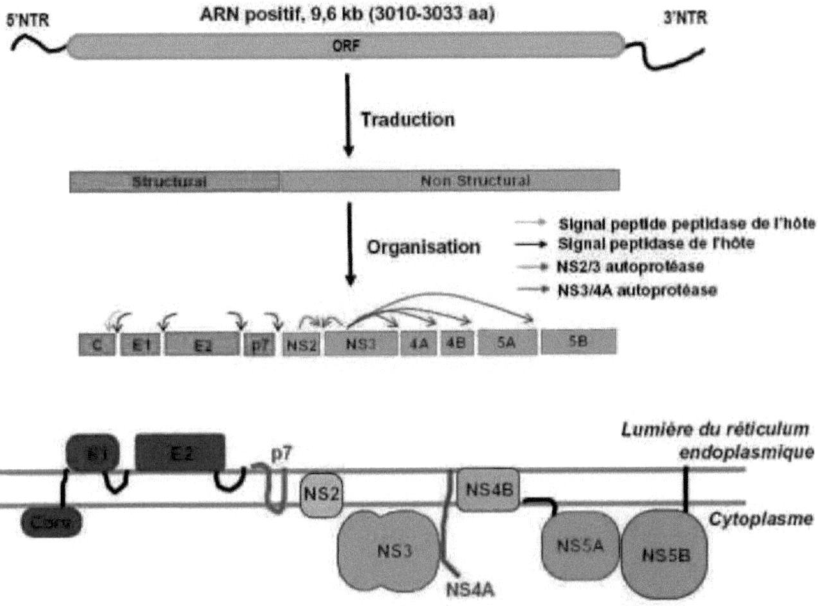

Figure 3 : Organisation du génome viral et de la polyprotéine (d'après Tellinghuisen et al., 2007).

1. Région 5' non codante (5'NC)

La région 5'NC est très conservée au sein des différents génotypes. Le site d'entrée interne du ribosome (IRES : internal ribosomal entry site) couvre une région d'environ 340 nucléotides qui comprend la majeure partie de 5'NC et 24 à 40 nucléotides de la région codant la protéine C (Reynolds et al., 1995). L'IRES est indispensable à la transcription coiffe-indépendante de l'ARN viral. La région 5'NC, dans les conditions physiologiques, prend une structure tertiaire complexe constituée de 4 domaines (Figure 4). Les domaines II, III et IV sont indispensables à l'activité IRES (Fraser and Doudna, 2007). Le domaine III permet la liaison à la sous-unité 40S du ribosome et au facteur d'initiation de la transcription eucaryote (Eukaryotic initiation factor : eIF2). Le domaine IV contient le codon d'initiation. La relation structure-activité de l'IRES est très étroite. Des mutations dans les domaines II ou IV ont peu d'impact sur l'activité de l'IRES, en revanche, des mutations dans le domaine III telles que la G266A ou la G268U peuvent diminuer son activité (Barria et al., 2009). La traduction de l'ARN conduit à la synthèse de la polyprotéine virale.

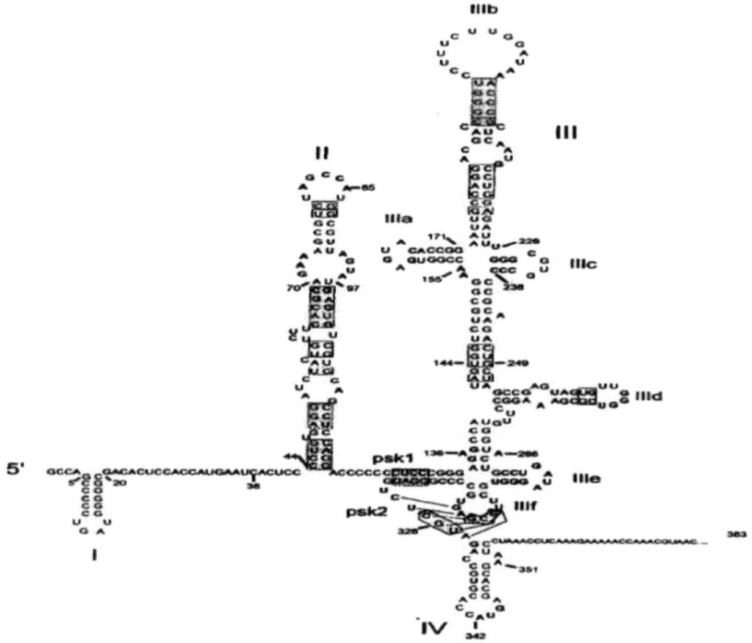

Figure 4 : Structure de la région 5'NC du VHC (d'après Rijnbrand and Lemon, 2000).

2. Structure et fonction des protéines virales

a. Protéines structurales

Protéine de capside C

La protéine C est clivée à partir de la polyprotéine par un signal peptidase produisant la forme immature de 191 AA. Ensuite le peptide signal présent à la partie C-terminale est clivé par un signal peptide peptidase pour donner naissance à la forme mature de 21 kDa, constituée de 173-179 AA (McLauchlan et al., 2002). La protéine de capside est une protéine en hélice alpha.

Cette protéine comporte trois domaines (Figure 5) :

- le domaine N-terminal D1 constitué des 117 premiers AA et qui est hydrophile ;
- le domaine D2, hydrophobe, constitué de 54 AA ;
- le domaine D3, hautement hydrophobe, constitué des 20 AA C terminaux et qui sert de peptide signal de la protéine E1 dont la plus grande partie est clivée par le signal peptide peptidase (McLauchlan et al., 2002).

Le domaine D1 est riche en AA basiques et semble impliqué dans la liaison avec l'ARN viral et l'oligomérisation. La polymérisation de la protéine de capside constitue la nucléocapside du virus. Les AA de la protéine de capside impliqués dans l'assemblage des virions ont été identifiés récemment (Murray et al., 2007). Le domaine D2 est nécessaire à la conformation de D1 et à la stabilité de la protéine de capside. Ce domaine est absent des *Flavivirus* et des *Pestivirus* mais présent chez le GB virus B (Boulant et al., 2006). La protéine de capside interfère avec le métabolisme lipidique (McLauchlan, 2000). La partie C-terminale hydrophobe s'associe aux gouttelettes lipidiques dans les cellules de mammifères. Il a été montré que le trafic entre le RE où la protéine est synthétisée et les gouttelettes lipidiques est régulé par le clivage du peptide signal. Ce phénomène est très rapide dans une cellule infectée (McLauchlan et al., 2002). La protéine de capside peut interagir avec de nombreuses protéines cellulaires et pourrait ainsi moduler la signalisation cellulaire, la transcription de gènes, la prolifération et la mort cellulaire (McLauchlan, 2000).

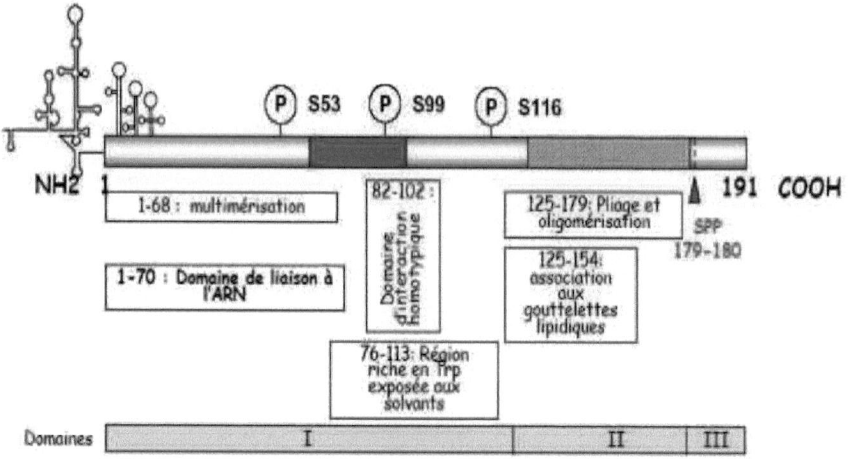

Figure 5 : Schéma des domaines structuraux de la protéine de capside du VHC (d'après Walewski et al., 2002).

Protéine F (frameshift) ou ARF (alternative reading frame)

La présence d'une protéine de masse moléculaire de 16 kDa a été montrée et assimilée à une forme tronquée de la protéine de capside. Plus récemment, cette protéine de 16 kDa a été caractérisée comme étant une protéine à part entière du VHC, protéine nommée F pour *frameshift*. Elle est issue d'un décalage ribosomique du cadre de lecture de type +1 dans la région N-terminale de la séquence codant la protéine de capside (Walewski et al., 2001). Cette protéine a une durée de vie très courte, environ 10 min. La détection d'anticorps (Ac) et de cellules T spécifiques de la protéine F chez des patients infectés par le VHC suggère qu'elle est exprimée pendant l'infection VHC *in vivo*. Elle n'est pas essentielle à la réplication virale ou à la production de virus infectieux mais pourrait agir comme un facteur de régulation (Vassilaki et al., 2008).

Glycoprotéines d'enveloppe E1 et E2

Les protéines E1 et E2 sont des protéines transmembranaires comportant un ectodomaine de 160 et 334 AA respectivement, et un court domaine C terminal transmembranaire d'environ 30 AA. Elles sont fortement N glycosylées. Ces deux protéines s'associent de façon non covalente pour former un hétérodimère par leur domaine transmembranaire (Op De Beeck et al., 2004). Les protéines d'enveloppe E1 et E2 sont les constituants principaux de l'enveloppe. Elles participent à l'entrée cellulaire du VHC en se fixant aux récepteurs cellulaires et en induisant la fusion de l'enveloppe virale avec les membranes cellulaires de l'hôte (Bartosch et al., 2003; Op De Beeck et al., 2004). La protéine E2 est la cible préférentielle de la réponse immunitaire. Trois régions hypervariables (HVR) ont été identifiées dans la séquence de E2 : la région HVR1, à la partie N-terminale est constituée de 27 AA, la région HVR2 constituée de 9 AA et la région HVR3, comprise entre les régions HVR1 et HVR2, constituée de 35 AA (Troesch et al., 2006).

Protéine p7

La protéine p7 est une petite protéine de membrane de 63 AA. Elle se localise au niveau des membranes du RE. La protéine p7 serait indispensable à l'infectiosité du virus. Ses propriétés de canal ionique font de p7 une cible potentielle de nouvelles drogues antivirales (Carrere- Kremer et al., 2002).

b. Protéines non structurales

Protéine NS2

La protéine NS2 a pour principale fonction le clivage de la polyprotéine à la jonction NS2/NS3. NS2 n'est pas essentielle à la formation du complexe de réplication. La structure tridimensionnelle de la protéase NS2-NS3 a montré une structure de type cystéine protéase. La protéase NS2-NS3 perd son activité après son « auto-clivage » de la partie NS3 (Lorenz et al., 2006).

Protéines NS3 et NS4A

NS3 est une protéine de 67 kDa qui possède un domaine protéase au niveau des 189 AA N-terminaux et un domaine NTPase/hélicase au niveau des 442 AA C-terminaux. La fonction sérine protéase de NS3 dépend de la formation d'un hétérodimère stable avec la protéine NS4A, protéine transmembranaire de 54 AA. Le complexe NS3/4A assure le clivage de la polyprotéine au niveau des jonctions NS3/NS4A, NS4A/NS4B, NS4B/NS5A et NS5A/NS5B (Neddermann et al., 1997). NS3 intervient dans de nombreuses interactions hôte-pathogène et est une cible majeure des nouveaux anti-viraux. L'hélicase NS3 participe à la séparation des ARN double brin ou au déroulement des structures secondaires. Récemment, NS3 a été impliquée dans les étapes précoces de la morphogénèse des virions. Elle intervient dans le recrutement de NS5A aux gouttelettes lipidiques et la formation de particules virales intracellulaire (Ma et al., 2008).

Protéine NS4B

NS4B est une petite protéine hydrophobe de 27 kDa, localisée dans la paroi du RE et orientée vers le cytoplasme. Son expression modifierait les membranes dérivées du RE afin de faciliter la formation du complexe de réplication qui associe les protéines structurales et non structurales du VHC (Egger et al., 2002).

Protéine NS5A

NS5A est une protéine relativement hydrophile qui existe sous deux formes : une forme peu phosphorylée de 56 kDa et une forme hyperphosphorylée de 58 kDa. La forme hyperphosphorylée semble associée à des niveaux de réplication plus faibles *in vitro* (Appel et al., 2005). Seuls deux des trois domaines de NS5A ont été caractérisés sur le plan structural. Une hélice alpha dans le domaine I permet son ancrage dans la membrane du RE et le domaine III a récemment été identifié comme élément clé dans l'assemblage des particules virales (Appel et al., 2008). Il a été démontré que NS5A joue un rôle important dans la régulation de la réplication virale en coordonnant l'interaction des protéines non structurales virales et des protéines cellulaires (Evans et al., 2004). La protéine NS5A a été particulièrement étudiée en raison de son rôle potentiel dans la réponse au traitement par l'interféron-alpha (IFN-α).

Protéine NS5B

NS5B est une protéine de 68 kDa contenant des motifs caractéristiques des ARN polymérases ARN dépendante (RdRp). NS5B est capable d'initier la synthèse d'ARN *de novo in vitro* et il semblerait que ce soit également le cas *in vivo* (Bartenschlager et al., 2004). Elle a été étudiée sur le plan biochimique et structural afin de développer des antiviraux (Lesburg et al., 1999). La structure cristallographique du domaine catalytique de NS5B a été résolue. Cette protéine présente un repliement en « main droite » caractéristique des polymérases, le site catalytique étant situé à la base de la paume, surplombé des domaines pouce et doigts (Lesburg et al., 1999). Le site actif de NS5B a la particularité d'être totalement entouré, car les doigts et le pouce interagissent en de multiples endroits et créent un tunnel dans lequel une molécule d'ARN simple brin est guidée. Un autre tunnel, chargé positivement, permet l'entrée des NTPs et leur passage vers le site actif. Le modèle communément admis suggère que la liaison de l'ARN et l'initiation de la réplication sont régulées par une boucle en épingle à cheveux β, située dans le domaine pouce et hautement flexible. Cette boucle pointe en direction du site actif et permet le bon positionnement de la matrice (Figure 6) (Hong et al., 2001). L'association de NS5B à la membrane est nécessaire à la réplication du VHC (Moradpour et al., 2004). Elle est assurée par un peptide d'ancrage situé dans la partie C terminale. Les protéines NS5B s'associent en oligomère fonctionnel au niveau de la membrane et synthétisent de l'ARN de façon coopérative. Ces interactions RdRp-RdRp pourraient être impliquées dans la régulation de l'activité de la réplicase (Wang et al., 2002).

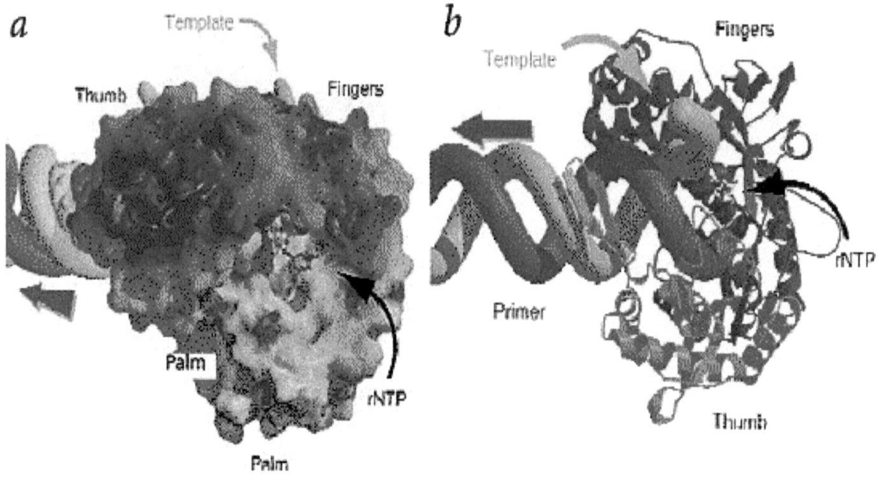

Figure 6 : Modèle du complexe NS5B-matrice-rNTP (d'après Lesburg et al., 1999).

Les sites supposés de liaison des substrats et de l'élongation sont indiqués, la matrice ARN est représentée en vert clair. (a) Voie d'accès des rNTPs au site actif. En bleu et rouge, les potentiels de surface électrostatiques respectivement positifs et négatifs. Le site de liaison des rNTPs et la surface du domaine pouce sont chargés positivement. (b) Représentation simplifiée de la polymérase ouverte montrant la conformation de la matrice virale et de l'amorce ARN.

3. Région 3' non codante (3'NC)

La région 3'NC comporte environ 230 nucléotides et est constituée de trois domaines. Tout d'abord on trouve une séquence courte d'environ 40 nucléotides très variables, suivie d'une séquence poly(U/UC) de longueur variable, puis d'une séquence très conservée de 98 nucléotides avec une structure en tige boucle appelée région X ou « X-tail » (Tanaka et al., 1996). Cette région X et les 52 nucléotides situés en 3' de la séquence poly(U/UC) jouent un rôle important dans l'initiation de la synthèse du brin négatif au cours de la réplication du génome viral (Friebe and Bartenschlager, 2002).

C. Modèles d'étude

Les études fondamentales sur le VHC et le développement de composés antiviraux ont été longtemps limités par l'absence de systèmes d'infection *in vitro* satisfaisants. Lorsque la totalité du génome du VHC a été connue, la synthèse de clones d'ADN complémentaire (ADNc) à l'ARN viral a été réalisée par transcription inverse. Les ARN transcrits à partir de ces clones d'ADNc se sont révélés infectieux après injection intra-hépatique au chimpanzé (Kolykhalov et al., 1997) mais incapables de réplication en cultures cellulaires. Ce n'est qu'en 1999 avec le système des réplicons sous-génomiques que la réplication du VHC à des taux élevés est devenue possible, sans toutefois qu'un cycle complet de réplication ne soit possible (Lohmann et al., 1999). Ce n'est enfin qu'en 2005 qu'un isolat de génotype 2a a permis la production de virus infectieux à des taux élevés en culture cellulaire (Wakita et al., 2005). En parallèle des systèmes plus ciblés sur l'étude d'une partie du virus se sont développés comme le système des pseudo-particules pour l'étude des protéines d'enveloppe (Bartosch et al., 2003) ou des systèmes d'expression bicistroniques pour l'étude des régions NC (Collier et al., 1998).

1. Modèles animaux

Chimpanzé

Seuls l'humain et le chimpanzé peuvent être infectés par le VHC, avec des progressions physiopathologiques comparables (Kolykhalov et al., 1997). Le chimpanzé est un bon modèle d'étude de l'élimination du virus, car sa clairance virale est plus importante que celle de l'homme (Bassett et al., 1998). Lors de l'infection chronique, des lésions caractéristiques sont retrouvées dans les foies des chimpanzés, qui peuvent conduire à la formation d'un carcinome hépatocellulaire. Pour des raisons de coût, de maintenance et d'éthique (cette espèce est protégée), l'utilisation de ces animaux à des fins de recherche est très limitée, voire interdite dans la plupart des pays.

Autres modèles

Des infections expérimentales par le VHC ont été obtenues chez le tupaïa, un petit rongeur sauvage, génétiquement proche des primates, qui peuvent s'adapter aux conditions de laboratoire (Zhao et al., 2002). Comme il ne s'agit pas d'une souche de laboratoire, la reproductibilité et l'analyse des expériences sont parfois compliquées. Il a également été possible d'infecter par le VHC des souris SCID-uPA ou des rats greffés avec des hépatocytes humains ou des lignées hépatocytaires (Mercer et al., 2001). Ces modèles ne sont pas faciles à mettre en œuvre car la transplantation d'hépatocytes est ardue, surtout chez des nouveau-nés immunodéprimés. De plus, du fait de leur immunodéficience, ils ne sont pas adaptés aux études relatives à la pathogenèse liée au VHC.

2. Glycoprotéines solubles

L'étude des glycoprotéines d'enveloppe a été compliquée par leur fort ancrage dans la membrane du RE et les séquences d'hétérodimérisation présentes dans leurs domaines transmembranaires, conduisant à l'agrégation ou la mauvaise conformation de ces protéines (Dubuisson et al., 2000). Des méthodes de purification basées sur l'utilisation de détergents ont toutefois permis de solubiliser ces protéines. Leur expression à la membrane a été difficile à mettre au point à cause de leur rétention au RE. Le domaine transmembranaire d'E2 a été délété, conduisant à la production de formes sécrétées sE2, capables de se lier spécifiquement aux cellules (Flint et al., 1999). L'utilisation de sE2 a permis l'identification de CD81, du récepteur scavenger de classe B, type I (SR-BI) et de DC-SIGN (Dendritic cell specific intracellular adhesion molecule-3-grabbing non integrin) par purification d'affinité. Les glycoprotéines sE2 ont permis l'étude structurale d'E2, et la confirmation de son rôle dans l'attachement.

3. Particules virus-like (VHC-LPs)

Les VHC-LPs ont été le premier modèle d'étude de l'entrée du VHC dans la cellule cible, basé sur l'expression des glycoprotéines d'enveloppe E1 et E2. Les VHC-LPs ont été produites dans des cellules d'insecte infectées par un baculovirus recombinant codant les protéines structurales du VHC (capside, E1 et E2) et une partie de l'IRES (Baumert et al., 1998). Les protéines produites s'auto-assemblent en particules, mais comme elles ne contiennent pas de génome entier elles ne peuvent pas se répliquer. Elles sont un modèle de choix pour les études d'attachement. Leurs caractéristiques en font un candidat vaccin potentiel (Elmowalid et al., 2007).

4. Pseudotypes VHC/VSV

Un autre modèle utilisé pour étudier la fixation et l'entrée du virion est le système de pseudotypes du virus de la stomatite vésiculaire (VSV). Ce système est basé sur l'expression des glycoprotéines d'enveloppe du VHC, E1 ou E2, en fusion au domaine transmembranaire de la glycoprotéine G du VSV (Lagging et al., 1998). La production de glycoprotéines chimériques permet d'éviter la rétention d'E1 et E2 au RE par leurs domaines transmembranaires, et permet leur incorporation dans la capside du VSV, mais pose la question de la conformation correcte des hétérodimères E1-E2. L'utilisation de souches thermosensibles n'exprimant pas la glycoprotéine d'enveloppe du VSV a permis la mise au point d'un modèle optimisé exprimant E1 et E2 du VHC dans des pseudotypes VSV (Codran et al., 2006). Ce modèle a permis de suivre l'entrée des particules VHC/VSV dans les hépatocytes humains et de définir le pH de fusion optimal.

5. Pseudoparticules VHCpp

Les particules pseudotypes VHC/VIH ou VHC/MLV (virus de la leucémie murine) appelées VHCpp, sont formées des glycoprotéines d'enveloppe du VHC, E1 et E2, assemblées dans une particule constituée d'une capside rétrovirale ou lentivirale. Les VHCpp sont obtenues par co-transfection dans les cellules 293T de trois vecteurs plasmidiques. Le premier exprime E1-E2, le second la protéine de capside rétrovirale ou lentivirale (gag-pol). Le troisième plasmide porte le signal d'encapsidation nécessaire à la formation et au relargage des particules en amont d'un gène rapporteur (la protéine verte fluorescente (GFP) ou la luciférase). La formation de particules aura lieu dans les cellules transfectées par les 3 plasmides à la fois. Les particules formées sont récupérées dans le surnageant et utilisées pour infecter des cellules naïves. Leur pouvoir infectieux est directement testé par l'expression du gène rapporteur (GFP ou luciférase). Dans ce système, l'entrée des VHCpp dans la cellule est médiée par la présence d'E1 et E2. La lignée hépatocytaire Huh-7 et des hépatocytes humains ont pu être infectés par les VHCpp (Bartosch et al., 2003). La production des VHCpp est relativement efficace, de l'ordre de 10^5 unités infectieuses par ml de surnageant. Les VHCpp sont neutralisées par des Ac anti-E2 et du sérum humain ou de chimpanzé infecté (Bartosch et al., 2003a; Logvinoff et al., 2004). Elles constituent un bon modèle pour l'étude de l'attachement et de l'entrée du VHC dans les cellules cibles.

6. Réplicons subgénomiques

L'absence de particules infectieuses a considérablement limité l'étude de la réplication du VHC jusqu'à la mise au point des réplicons subgénomiques. Le premier réplicon a été construit à partir d'un ARN du génotype 1b, exprimant le gène de résistance à la néomycine à la place des protéines structurales, et les protéines non-structurales sous la direction de l'IRES de l'encéphalomyocardite (EMCV) (Lohmann et al., 1999). Après transfection de cet ARN dans la lignée hépatocytaire Huh-7, seules les colonies possédant la résistance à la néomycine peuvent pousser et sont ainsi sélectionnées et amplifiées. Il est alors possible d'établir des cultures de cellules produisant en continu des réplicons subgénomiques sous pression de sélection antibiotique. Ce système a permis de nombreuses avancées dans la compréhension de la réplication du VHC.

7. Système de propagation du VHC en culture cellulaire (VHCcc)

Un clone particulier de VHC a été isolé chez un patient japonais atteint d'une hépatite fulminante, forme clinique exceptionnelle dans les hépatites C. Ce clone, appelé JFH-1 (Japanese Fulminant Hepatitis 1) de génotype 2a a tout d'abord été utilisé pour construire un réplicon subgénomique (Kato et al., 2003). Par opposition aux autres réplicons subgénomiques préalablement construits, celui-ci ne nécessite pas de mutations adaptatives pour se répliquer de façon optimale. JFH-1 a ensuite été utilisé pour construire le premier système de culture cellulaire produisant le VHC, le système VHCcc qui a été décrit presque simultanément par trois équipes (Lindenbach et al., 2005; Wakita et al., 2005; Zhong et al., 2005). Point crucial, la transfection du génome complet de JFH-1 dans les cellules Huh-7 a permis la production de particules virales infectieuses dont l'infectiosité a été démontrée à la fois sur des lignées hépatocytaires et chez le chimpanzé (Wakita et al., 2005). Les titres du virus JFH-1 ont été accrus en utilisant les cellules Huh-7.5 (Zhong et al., 2005). Les cellules Huh-7.5 semblent constituer le système le plus favorable à la production virale *in vitro*. Ces cellules présentent une mutation dans le gène RIG-I (retinoid inducible gene I), conduisant à l'inactivation des réponses immunes innées antivirales (Foy et al., 2005).

D. Cycle réplicatif

Les cellules hépatocytaires sont le site principal de réplication virale du VHC. L'identification des particules virales se fixant aux cellules hôtes et des récepteurs d'entrée a été possible dans un premier temps grâce au modèle des pseudoparticules VHC. Les virions VHC, libres ou associés à des apolipoprotéines, interagissent en cascade avec de nombreux récepteurs présents à la surface des hépatocytes. La première interaction virus-hépatocytes fait intervenir des glycosaminoglycanes (GAGs) et des récepteurs des lipoprotéines (LDLR). Ensuite, le récepteur cellulaire SR-BI (Scarselli et al., 2002) formerait avec le récepteur cellulaire CD81 (Pileri et al., 1998) un complexe permettant le transfert du VHC au niveau des jonctions serrées. Ceci permet l'interaction du virus avec des protéines de jonctions serrées : claudin-1 (Evans et al., 2007) et occludines (Liu et al., 2009). Ces dernières facilitent l'internalisation du VHC par endocytose des récepteurs de surface liés aux particules VHC, via une voie clathrine dépendante comme cela a été montré pour les *Flaviviridae* (Heinz and Allison, 2000). La protéine E1 semble impliquée dans le phénomène de fusion du virus avec les membranes cellulaires (Flint and McKeating, 2000) mais les domaines transmembranaires des deux glycoprotéines semblent aussi impliqués dans cette étape (Ciczora et al., 2007). L'entrée est dépendante de l'acidification au niveau des endosomes tardifs (Tscherne et al., 2006). Après fusion, l'ARN viral est libéré de l'enveloppe et de la capside, puis il est relargué dans le cytoplasme. Comme pour tous les virus à ARN de polarité positive, le génome viral est l'élément central de la traduction, de la réplication et de l'assemblage (Figure 7). La traduction du génome est sous le contrôle de l'IRES (Honda et al., 1996). L'initiation de la synthèse de la polyprotéine débute lors de la formation du complexe entre l'IRES et la sous-unité 40S du ribosome et le recrutement des protéines cellulaires, comme les facteurs d'initiation eIF-2 et eIF-3 et des protéines virales. La traduction puis le clivage de la polyprotéine a lieu au niveau de structures membranaires et vésiculaires péri-nucléaires. L'ARN polymérase ARN dépendante et les autres protéines non structurales s'associent à des protéines cellulaires de la cellule hôte pour former le complexe de réplication (Ishido et al., 1998). Une séquence nucléotidique en tige-boucle très conservée au sein du gène de NS5B, nommée 5BSL3.2, s'apparie avec la région 3'NC et cette interaction intervient dans la régulation de la réplication (Friebe et al., 2005). L'ARN polymérase synthétise un brin négatif à partir du génome, qui sert ensuite de matrice pour la synthèse de brins positifs. Ces brins sont ensuite encapsidés pour former de nouvelles particules virales ou servent de messagers pour la synthèse des protéines virales.

Les étapes ultimes du cycle réplicatif sont elles aussi mal connues. L'assemblage est probablement déclenché par l'interaction entre la protéine de capside et l'ARN génomique dans sa région 5'NC, aboutissant à la formation de nucléocapsides (Shimoike et al., 1999). *In vitro*, les 124 AA de la partie N-terminale de la protéine de capside suffisent pour former des particules de type nucléocapside (Kunkel et al., 2001). Par analogie avec les *Flaviviridae*, les nucléocapsides pourraient ensuite s'envelopper par bourgeonnement à l'intérieur du RE. Puis les particules virales néoformées seraient excrétées par exocytose. Dans le modèle VHCcc, la réplication d'un génome délété de la séquence de p7 est possible et permet la formation de particules mais elles sont retenues dans le cytoplasme de la cellule. De plus ces particules sont moins infectieuses, ce qui suggère que p7 est critique pour l'assemblage et le relargage des virions (Steinmann et al., 2007).

Un lien entre le cycle du VHC et le métabolisme lipidique a été démontré depuis plusieurs années. Des études d'expression de la protéine de capside dans les lignées cellulaires ont montré que cette protéine se localisait à la surface de gouttelettes lipidiques (Barba et al., 1997). Après clivage, la protéine de capside du VHC reste ancrée dans la membrane du RE ou s'associe aux gouttelettes lipidiques grâce à son domaine hydrophobe en position C-terminale (Hourioux et al., 2007). L'expression de la protéine de capside du VHC dans les systèmes cellulaires *in vitro* induit une redistribution des gouttelettes lipidiques dans les zones péri-nucléaires. La signification de cette co-localisation n'est pas encore bien comprise. Le clivage de la protéine de capside semble donc requis pour la formation de la particule virale (Ait-Goughoulte et al., 2006). Des mutations dans le domaine D2 de la protéine de capside empêchent l'association aux gouttelettes lipidiques et affectent la production de virus (Boulant et al., 2007). La protéine de capside semble recruter les protéines non structurales, l'ARN viral et le complexe de réplication au niveau des gouttelettes lipidiques (Miyanari et al., 2007). Ces travaux ont montré que les particules virales s'assemblent et bourgeonnent à proximité des gouttelettes lipidiques. Ainsi les sites de formation de celles-ci pourraient constituer des micro-domaines favorables à l'assemblage des particules virales, en réunissant des facteurs viraux et/ou cellulaires nécessaires aux mécanismes de morphogenèse, ou en excluant les facteurs pouvant l'inhiber. La réplication est stimulée par les acides gras saturés ou mono-insaturés et inhibée par les acides gras poly-insaturés.

Ces résultats suggèrent que la fluidité des membranes est importante au fonctionnement du complexe de réplication (Kapadia and Chisari, 2005). Le cycle infectieux pourrait être dépendant de la voie de synthèse des lipoprotéines de très faible densité dans l'hépatocyte humain. Des protéines telles que la MTP (microsomal triglyceride transfer protein), l'apoprotéine B ou l'apoprotéine E interagissent avec les protéines virales au niveau des vésicules de réplication du VHC et l'inhibition par la technique des ARN interférents de ces protéines permet *in vitro* d'inhiber la production de virus (Chang et al., 2007; Huang et al., 2007).

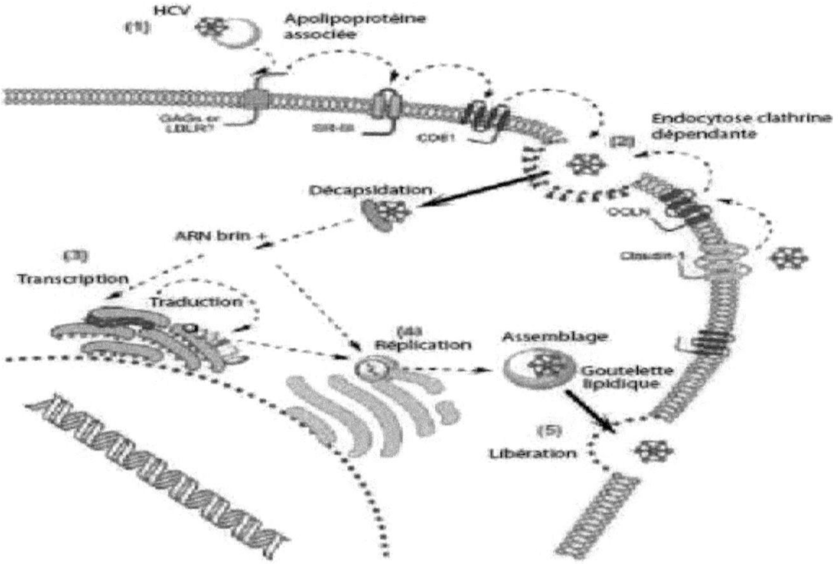

Figure 7 : Cycle réplicatif du VHC (d'après Boonstra et al., 2009)

II. Variabilité génétique du virus de l'hépatite C

A. Réplication et variabilité

Le VHC présente une grande diversité génétique. Cette diversité résulte de mutations génomiques ponctuelles ayant eu lieu lors de la réplication virale et de l'absence d'un système de corrections d'erreurs « proof-reading » (activité 3'-5' exonucléasique) de l'ARN polymérase ARN dépendante (induisant des substitutions de nucléotides), mais également du niveau élevé de réplication (10^{12} nouveaux virions VHC par jour) (Neumann et al., 1998). La fréquence moyenne de mutation nucléotidique par site et par an varie de $1,4x10^{3}$ à $1,9x10^{3}$ (Ogata et al., 1991). La majorité des mutations accumulées pendant la réplication sont silencieuses ou synonymes et n'ont pas d'impact sur la séquence en AA de la protéine virale. Les mutations non-synonymes en revanche provoquent un changement de la séquence en AA de la protéine virale et peuvent induire l'émergence de polymorphismes. Certaines mutations peuvent être à l'origine de particules virales défectives ou être létales. Le polymorphisme génétique varie d'un gène à l'autre. Des régions plus ou moins polymorphes ont également été identifiées au sein d'un même gène (Salemi and Vandamme, 2002). Les protéines impliquées dans la transcription ou la réplication et les régions qui ont des contraintes conformationelles sont les plus conservées. La région 5'NC est l'une des régions les plus conservées du génome avec plus de 90% d'homologies entre les séquences de différentes souches (Bukh et al., 1992). La région codant la capside est également conservée avec 81 à 88% d'homologie de séquence entre isolats (Simmonds et al., 1994). La région la plus variable du génome est celle codant pour les protéines d'enveloppe E1 et E2. Les séquences codant les régions hypervariables HVR1, HVR2 et HVR3 de la glycoprotéine E2 peuvent varier de 50% d'une souche à l'autre (Troesch et al., 2006).

B. Variabilité inter-individus : les génotypes et sous-types du VHC

La classification du VHC a été réalisée par des approches de phylogénie et a permis de classer les variants en 6 génotypes numérotés de 1 à 6. Au sein de chaque génotype, on distingue plusieurs dizaines de sous-types identifiés par une lettre minuscule a, b, c etc (Simmonds et al., 2005) (Figure 8). Un système de nomenclature consensuel a été proposé pour la classification des génotypes et sous-types du VHC (Simmonds et al., 2005). La méthode de choix pour assigner un génotype à un virus VHC est l'analyse phylogénétique de la région capside/E1, NS5B ou du génome complet. La désignation d'un nouveau génotype nécessite une analyse phylogénétique de la séquence complète du nouveau variant du VHC, montrant qu'il appartient à un groupe distinct des autres et montrant l'absence de recombinaison. La désignation d'un génotype sera confirmée si au moins 2 génomes complets d'infection VHC liés épidémiologiquement sont séquencés. La désignation d'un sous-type nécessite l'identification d'au moins 3 infections avec la détermination des séquences des régions Capside/E1 et NS5B. En se basant sur le génome complet, les génotypes diffèrent les uns des autres par une variabilité de séquence nucléotidique de 31-33%, et les sous-types par une variabilité de 20-25% sur l'ensemble du génome (Kuiken and Simmonds, 2009). Malgré la diversité de séquence du VHC, tous les génotypes partagent la même organisation génomique linéaire, avec des gènes de taille similaire ou identique au niveau du cadre de lecture ouverte. Ceci a permis pour beaucoup de variants actuellement connus d'être classés provisoirement, sur la base de l'analyse de régions partielles du génome telles que capside/E1 ou NS5B (Simmonds et al., 1994).

L'analyse phylogénétique de la séquence du génome viral dans son intégralité est dans l'absolu la technique de référence pour déterminer le génotype et le sous-type. Compte tenu des contraintes techniques et du coût d'une telle approche, ceci n'est pas réalisable en pratique courante. Différentes techniques alternatives ont été développées reposant sur deux grands principes :

- le typage génomique : caractérisation du polymorphisme d'un fragment du génome viral par une approche moléculaire.
- le typage sérologique : caractérisation d'Ac spécifiques d'un génotype dirigés contre certaines protéines virales.

Les tests de typage sérologique permettent de différencier les 6 génotypes mais ne permettent pas de discriminer les sous-types. C'est un test ELISA (Enzyme-Linked Immunosorbent Assay) basé sur la détection d'Ac dirigés contre la protéine NS4A et/ou capside du VHC. Il est notamment utilisé pour déterminer le génotype de patients qui ne sont plus virémiques.

Le typage génomique est la méthode la plus courante pour déterminer le génotype. Les techniques utilisées ne sont pas toutes équivalentes, certaines notamment sont plus discriminantes que d'autres pour déterminer les sous-types.

- Les techniques d'hybridation inverse consistent à hybrider les produits de PCR issus de l'amplification d'un fragment du génome sur des bandelettes de nitrocellulose contenant des sondes d'ADN spécifiques du génotype. Les premiers tests commercialisés basés sur cette technique, analysaient uniquement la région 5'NC (Stuyver et al., 1993). Le polymorphisme de cette région permet une bonne discrimination des génotypes mais ne permet pas de distinguer l'ensemble des sous-types en raison de la conservation de la région 5'NC (Sandres-Saune et al., 2003). Une nouvelle version du test basée sur l'analyse par hybridation inverse des produits de PCR de la région 5'NC et de la région de la capside, permet une meilleure discrimination du sous-type (Bouchardeau et al., 2007).

- La technique de référence pour la détermination du génotype et du sous-type repose sur le séquençage de la région NS5B et la réalisation d'analyses phylogénétiques avec des génomes de référence répertoriés dans des banques de données telles que Los Alamos VHC (Yusim et al., 2005), euVHC database (Combet et al., 2007) ou GenBank (Sandres-Saune et al., 2003). La construction d'arbres phylogénétiques incluant les séquences de référence permet de déterminer le génotype voire même le sous-type, selon les régions amplifiées. La région 5'NC est extrêmement conservée et ne permet pas de discriminer tous les sous-types. Les tests moléculaires reposent sur l'analyse d'une région du génome viral. Quelque soit la technique utilisée, le choix de la région étudiée est primordial. En effet, la région choisie doit posséder des motifs génétiques spécifiques de type et de sous-type, représentatifs de la diversité du génome complet. Les régions 5'NC, capside et NS5B sont les trois régions les plus fréquemment analysées.

La détermination du génotype est primordiale puisque les génotypes 1 et 4 sont plus résistants que les génotypes 2 ou 3 au traitement par interféron α pégylé (pegIFNα) et ribavirine (RBV) et que la durée du traitement est adaptée au chaque génotype. Les tests de génotypage sont basés sur l'analyse d'une portion de génome amplifié. Le plus souvent c'est la région 5'NC, ciblée par la plupart des tests de détection ou quantification de l'ARN VHC, qui est utilisée pour déterminer le génotype. Bien que cette région soit hautement conservée, un certain nombre de polymorphismes permettent de déterminer le génotype. La technique de référence pour le génotypage VHC est néanmoins basée sur une amplification suivie du séquençage et de l'analyse phylogénétique de régions codantes. La région NS5B a l'intérêt d'être représentative du génome complet. En effet, la topologie des arbres réalisés avec des séquences de génomes complets ou de la région NS5B sont identiques (Hraber et al., 2006). Cependant, compte tenu des contraintes techniques et du coût d'une telle approche, des techniques alternatives ont été développées.

L'analyse d'un fragment de la région NS5B semble être la meilleure approche pour déterminer à la fois le génotype et le sous-type de façon pertinente (Sandres-Saune et al., 2003). Il existe aussi une technique de séquençage semi-automatisée basée sur l'amplification et le séquençage de 222 paires de base (pb) de la région 5'NC. La séquence obtenue est ensuite automatiquement comparée à des séquences de référence (Halfon et al., 2001). Plus récemment, une méthode de séquençage d'un fragment de la région capside avec interprétation automatique du génotype et du sous-type a été développée permettant la détermination du sous-type dans 96% des cas (Ross et al., 2008).

-les techniques de PCR en temps réel utilisant des sondes spécifiques de génotype ou de sous-type ciblant soit la région 5'NC soit la région NS5B (Martro et al., 2008; Nakatani et al., 2010). L'analyse est limitée aux génotypes 1a, 1b, 2a, 2b, 2c, 3, 4, 5 et 6.

-les techniques sur puces à ADN basées sur l'analyse de la région 5'NC (Mao et al., 2010; Park et al., 2010). Elles permettent de discriminer les sous-types 1a, 1b et d'identifier les différents génotypes.

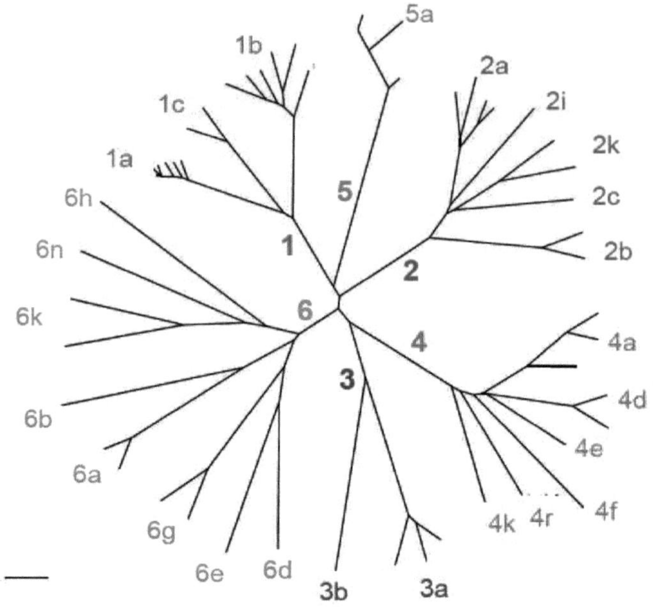

Figure 8 : Arbre phylogénétique représentant les génotypes du VHC basé sur l'analyse des séquences de la région NS5B (d'après Simmonds et al., 2005).

C. Variabilité intra-individus : les quasi-espèces

Le VHC, comme de nombreux virus à ARN, circule chez l'hôte sous forme d'une quasi-espèce virale, c'est-à-dire d'un mélange complexe et en équilibre instable de variants génétiquement distincts mais apparentés (Domingo and Gomez, 2007). En effet, la présence simultanée de variants viraux permet la sélection rapide et continue des variants les mieux adaptés à l'environnement dans lequel le virus se réplique (Domingo et al., 1998). La capacité d'adaptation des quasi-espèces virales aux modifications de l'environnement joue un rôle important dans la physiopathologie de l'infection, aussi bien dans les mécanismes de persistance virale que dans la résistance aux traitements antiviraux ou la récidive de l'infection après transplantation hépatique.

A un instant donné de l'infection, la quasi-espèce virale d'un patient infecté est en équilibre. Cependant, les quasi-espèces évoluent en permanence pour s'adapter à l'environnement au sein duquel le virus se réplique et ce, sous l'influence de pressions sélectives telles que la réponse immunitaire, les protéines cellulaires de l'hôte ou le traitement anti-viral.

Les pressions de sélection entrant en jeu dans ce processus d'adaptation sont de deux ordres :

- les pressions négatives, liées aux contraintes conservatrices sur la séquence du génome ou des protéines virales, résultent de la nécessité de conserver les propriétés fonctionnelles du génome et des protéines pour assurer la survie des variants.
- les pressions de sélection positives exercées sur le génome et les protéines virales résultent d'interactions complexes avec les réponses immunes et certaines protéines de l'hôte. Elles évoluent au cours du temps spontanément ou sous l'influence de divers événements extérieurs (infection intercurrente, administration d'antiviraux,...).

D. Les virus recombinants

La recombinaison génétique constitue un phénomène rarement observé pour le VHC. La mise en évidence de génomes recombinants du VHC est assez difficile car il nécessite le séquençage de 2 régions différentes. Or les méthodes de génotypage sont basées sur l'analyse d'une seule région du génome VHC. Un génome recombinant est confirmé grâce au séquençage du génome complet et à des analyses clonales qui permettent d'éliminer la présence éventuelle d'une infection mixte. Différents travaux ont montré l'existence de souches recombinantes. Le premier virus recombinant décrit a été une souche 2k/1b découverte en Russie (Kalinina et al., 2002). Les autres virus recombinants caractérisés ont été une souche 2i/6p au Vietnam (Noppornpanth et al., 2006), une souche 2b/1b aux Philippines (Kageyama et al., 2006), une souche 2/5 chez un patient de la région Midi-Pyrénées (Legrand-Abravanel et al., 2007) et dernièrement une souche 2b/6w (Lee et al., 2010). Des infections mixtes étant possibles chez l'homme, des phénomènes de recombinaison peuvent donc être envisagés. La souche 2k/1b semble avoir diffusé en Europe chez les patients toxicomanes (Moreau et al., 2006), en Russie et en Ouzbékistan (Kurbanov et al., 2008a). La sensibilité de cette souche à un traitement par pegIFNα et RBV a été étudiée chez des souris humanisées avec des hépatocytes humains et infectées par une souche 2k/1b. Cette souche présentait une bonne sensibilité au traitement (Kurbanov et al., 2008b). C'est actuellement la seule étude ayant évalué la sensibilité d'un virus recombinant VHC à un traitement par IFN.

Les recombinants décrits sont le plus souvent intergénotypiques cependant quelques virus intragénotypiques ont été identifiés : un 1a/1b chez un patient péruvien (Colina et al., 2004) et un 1a/1c en analysant 89 génomes complets disponibles dans la banque de données Genbank (Cristina and Colina, 2006). Plus récemment, un virus mosaïque 1a/1c (AY651061) (Ross et al., 2008). Ce virus a une organisation génomique complexe avec 5 points de cassure potentiels de la région core à NS3.

Des « échanges » de morceaux de génome entre virus sont donc possibles. Une localisation préférentielle des points de recombinaison au niveau NS2-NS3 semble exister *in vivo* et *in vitro* (Lindenbach et al., 2005; Pietschmann et al., 2006; Yi et al., 2007). Des chimères VHC construites avec un point de cassure à la jonction p7-NS2 ne produisaient pas de particules infectieuses dans le surnageant de culture cellulaire, malgré la réplication du génome (Yi et al., 2007). Le point de recombinaison des souches 2i/6p, 2b/1b, 2/5 et 2b/6w est localisé à la jonction de NS2 et NS3. Le point de recombinaison de la souche 2k/1b est situé au niveau de NS2. Pour les recombinants intragénotypiques, le point de cassure semble préférentiellement localisé au niveau des gènes E1-E2.

Deux mécanismes de recombinaison ont été décrits pour les virus à ARN : (i) un mécanisme de choix de copie correspondant à un changement de matrice lors de la réplication, dépendant de la processivité de l'enzyme et (ii) un mécanisme de recombinaison non réplicatif qui implique la ligation simple de 2 fragments d'ARN. Pour le premier mécanisme, plusieurs facteurs peuvent expliquer l'arrêt et le décrochage de la polymérase lors de l'élongation : un défaut de continuité de la matrice, la présence de séquences spécifiques ou de motifs structuraux, une erreur d'incorporation d'un nucléotide ou une interaction du génome avec une protéine qui ne participe pas à la réplication (Figlerowicz et al., 2003).

E. Variabilité et épidémiologie

Les analyses phylogénétiques des génotypes du VHC ont permis de mieux comprendre l'émergence et la diversification des types et sous-types ainsi que leur distribution mondiale (Figure 9). Le VHC aurait co-évolué avec les populations humaines. L'apparition des génotypes serait plus récente (Simmonds, 2001). Le génotype 6, le plus ancien, serait apparu il y a 700 ans, les génotypes 3 et 4, il y a 350 ans et le génotype 2 il y a environ 200 ans. Le génotype 1, le plus récent, serait apparu il y a environ 100 ans (Pybus et al., 2001; Simmonds, 2004). La répartition géographique des différents génotypes est maintenant bien établie et reflète l'histoire épidémiologique du virus. En Afrique, la diversité des génotypes 1, 2 et 4 est considérable (Simmonds, 2001). Ceci est le reflet d'une présence du virus dans les populations africaines depuis de très nombreuses années. Les génotypes 3 et 6 présentent la même diversité génétique en Asie du Sud ou de l'Est (Tokita et al., 1994; Mellor et al., 1995). Cette diversité suggère que le VHC a été endémique en Afrique sub-saharienne et en Asie pendant une période considérable, et que la survenue d'infections dans les pays occidentaux ou les autres pays non tropicaux est un événement relativement récent, lié à des pratiques exposant au virus (Pybus et al., 2001; Simmonds, 2001; Ndjomou et al., 2003). Le génotype 1 présente une large répartition à l'échelle mondiale. C'est l'un des génotypes les plus représentés dans les pays industrialisés. Les sous-types 1a et 1b sont responsables de 60 à 65% des infections en Europe de l'ouest et infectent la majorité des malades aux Etats-Unis. Le génotype 2 est retrouvé en Europe et au Japon mais est plus rare aux Etats-Unis (Cheung, 2000; Lvov et al., 1996; Martinot-Peignoux et al., 1999). Le génotype 2 est surtout prédominant en Afrique de l'Ouest (Ruggieri et al., 1996), alors qu'en Afrique centrale les génotypes 1 et 4 sont prédominants (Stuyver et al., 1993; Ndjomou et al., 2003). L'origine du génotype 5 reste inconnue. Sa présence était communément considérée comme restreinte à l'Afrique du sud, avec une prévalence qui peut atteindre 40% chez les personnes infectées par le VHC (Smuts and Kannemeyer, 1995). Une étude comparative des souches virales de génotype 5 infectant des sujets belges et sud-africains a montré l'existence de 2 groupes phylogénétiques différents, d'ancienneté identique (Verbeeck et al., 2006). Les techniques de coalescence basées sur le séquençage des régions E1 et NS4B ont permis d'estimer l'âge de l'ancêtre commun à 120 ans pour les deux groupes épidémiologiques. Cet ancêtre commun pourrait provenir d'Afrique Centrale puisque la Belgique et l'Afrique du Sud n'ont pas eu de rapport direct dans leur histoire, mais ces deux pays ont eu de nombreux échanges au 19^{éme} siècle avec des pays d'Afrique Centrale comme le Congo.

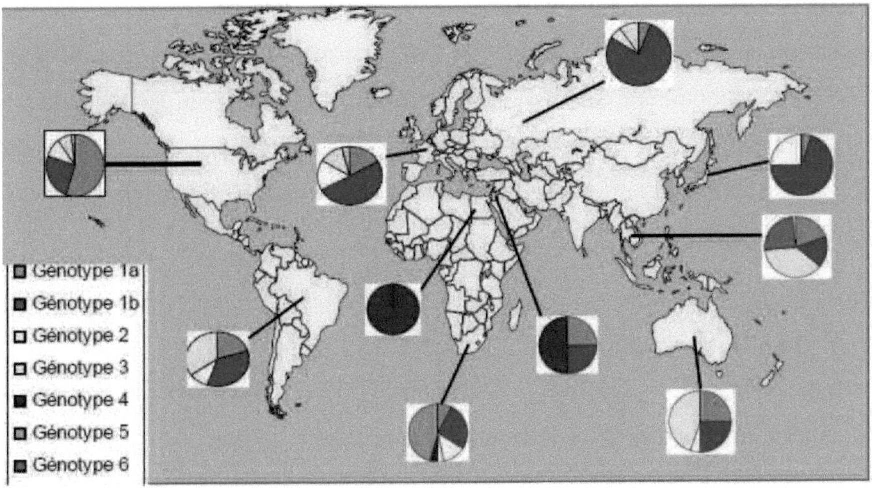

Figure 9 : Distribution géographique des génotypes (d'après Zein, 2000).

La distribution des génotypes varie d'un pays à l'autre, mais les différentes caractéristiques épidémiologiques telles que l'âge, le sexe, et le mode de contamination influencent aussi la répartition des génotypes (Zein, 2000; Shepard et al., 2005). En France, les génotypes 1b et 2 étaient plus fréquemment retrouvés chez les femmes que chez les hommes, et chez des patients âgés de plus de 50 ans. Alors que les génotypes 1a et 3 étaient plus fréquents chez des patients masculins de moins de 50 ans (Martinot-Peignoux et al., 1999). Les génotypes 1b et 2 sont retrouvés plus fréquemment chez des patients présentant une histoire de transfusion de produits sanguins que chez des patients contaminés par un génotype 1a ou 3. Les études d'épidémiologie moléculaire ont montré une association entre le sous-type 3a et la contamination par toxicomanie intraveineuse dans de nombreux pays sur le continent européen. Le génotype 3 est plus rare en Afrique et au Japon car cette pratique n'est pas fréquente (Morice et al., 2006). L'Egypte est le pays où la prévalence des Ac anti-VHC chez les donneurs de sang varie de 15 à 20% (Kamel et al., 1992). Le génotype 4a est responsable de la majorité des infections dans ce pays. Cette diffusion très importante du génotype 4a est liée à la politique de traitement de la schistosomiase par voie parentérale dans les années 1960-1980 (Frank et al., 2000). Le génotype 1a est aussi associé à une contamination par toxicomanie aux Etats Unis et en Europe et la diffusion du génotype 4 en Europe a été rapportée dans différentes régions d'Europe (Sanchez-Quijano et al., 1997; Morice et al., 2001).

III. Physiopathologie

A. Histoire naturelle

Lors d'une infection aiguë par le VHC, seuls 20 à 30% des patients présentent des signes cliniques, le plus souvent peu spécifiques (fatigue, nausées, douleurs de l'hypocondre droit suivies ou non de l'apparition d'urines foncées et d'un ictère). Le diagnostic d'infection VHC aiguë est confirmé par la détection d'ARN VHC dans le plasma avec une séroconversion objectivée des Ac anti-VHC. En moyenne, environ 30% des patients élimineront spontanément le virus, le plus souvent dans les 3 mois suivant les signes cliniques (Corey et al., 2006). Les hépatites aigues C fulminantes sont rares et observées chez moins de 1% des patients. Près de 70% des patients contaminés n'arrivent pas à contrôler l'infection virale après une infection aiguë et de fait évoluent vers une hépatite chronique (Lauer and Walker, 2001). Parmi les patients infectés chroniquement, 25% vont développer une cirrhose (Hoofnagle, 1997). Les patients infectés avant 40 ans, développeront moins fréquemment une cirrhose comparés à des patients infectés après 40 ans, 5% versus 20% respectivement (Hoofnagle, 1997). La cirrhose peut rester silencieuse pendant de nombreuses années. Les signes d'hypertension portale ou d'insuffisance hépatocellulaire apparaissent tardivement. Chez une proportion non négligeable de patients, 2% environ, la pathologie va évoluer jusqu'au CHC (Kew, 1998). Le taux de décompensation chez les patients qui présentent une cirrhose est estimé à 4% et le taux de mortalité annuel chez les patients qui décompensent à 15% dans les pays industrialisés versus 30% dans les pays émergents. La ponction biopsie hépatique (PBH) permet d'évaluer la gravité de l'atteinte hépatique en déterminant le score METAVIR, associant un score de fibrose (F0 à F4) et un score d'activité (A0 à A3). C'est le plus souvent lors de cet examen que le stade de cirrhose est découvert. D'autres méthodes non invasives de mesure de la fibrose sont disponibles telles que le FibroTest (combinaison de cinq marqueurs sanguins : alpha2-macroglobuline, haptoglobine, apolipoprotéine A1, bilirubine totale et gamma-glutamyl transpeptidase, avec un ajustement sur le sexe et l'âge) (Imbert-Bismut et al., 2001), le Fibromètre (combinaison de neuf marqueurs sanguins : alpha2-macroglobuline, acide hyaluronique, numération plaquettaire, taux de prothrombine, aspartate aminotransférase, alanine aminotranférase, urée, bilirubine totale et gamma glutamyl transpeptidase, avec un ajustement sur l'âge et le sexe), le FibroScan (élastographie impulsionnelle ultrasonore) (Ziol et al., 2005) et l'Hépascore (combinaison de quatre marqueurs sanguins : alpha2-macroglobuline, acide hyaluronique, bilirubine totale et gammaglutamyl transpeptidase, avec un ajustement sur le sexe et l'âge). La PBH reste cependant la méthode de référence pour évaluer le degré de fibrose et donc la progression de la maladie (Ghany et al., 2003). De nombreux facteurs sont corrélés à une progression de la fibrose plus rapide : la durée de l'infection, l'âge, le sexe masculin, une forte consommation d'alcool, une co-infection avec le virus de l'immunodéficience humaine (VIH) et le niveau de nécrose (Massard et al., 2006). Des facteurs métaboliques tels que l'obésité, la stéatose et le diabète sont des cofacteurs récemment décrits dans la fibrogénèse. La charge virale et le génotype ne semblent pas influencer de façon significative la progression de la fibrose (Sullivan et al., 2007). Le traitement par antiviraux modifie également l'histoire naturelle de l'infection VHC. Globalement, la proportion de patients virémiques qui initient un traitement anti-VHC est faible, y compris dans les pays industrialisés. La réponse virologique soutenue (RVS) est associée à une amélioration histologique des lésions hépatiques et de la fibrose (Maylin et al., 2009) mais l'impact sur la survie est encore mal connu. Des formes occultes ont été suspectées chez des patients présentant une activité élevée des aminotransférases hépatiques malgré l'absence de détection des Ac anti-VHC, et de l'ARN VHC par PCR (Réaction de polymérisation en chaine) dans le sérum. Chez ces patients, l'ARN VHC a été mis en évidence dans le foie ou dans les cellules mononucléées du sang périphérique (Castillo et al., 2004). La réplication du virus a été objectivée par la recherche du brin négatif du génome VHC dans les cellules mononucléées du sang périphérique (Castillo et al., 2005). En 2007, la même équipe a mis en évidence l'ARN VHC dans le sérum des patients présentant une hépatite C occulte, grâce à des techniques de concentration du virus par ultracentrifugation (Bartolome et al., 2007).

B. Cibles extra hépatiques

Le tropisme du VHC est essentiellement hépatocytaire. Le foie est le site majeur de la réplication du VHC et contient une forte abondance d'ARN VHC (environ 10^8-10^{11} copies par gramme de tissu) (Sugano et al., 1995) mais des sites de réplication extra-hépatiques ont été retrouvés au niveau des cellules mononucléées du sang périphérique telles que les lymphocytes (Bare et al., 2005) et les cellules dendritiques (DC) (Goutagny et al., 2003), au niveau du système nerveux central (Laskus et al., 2002) et dans la moelle osseuse (Radkowski et al., 2000). Une compartimentation au niveau des cellules mononucléées a été également démontrée (Ducoulombier et al., 2004). Cependant, des études menées par plusieurs laboratoires ont montré que l'entrée des VHCpp dans les cellules mononucléées activées ou non n'était pas détectable (Bartosch et al., 2003; McKeating et al., 2004).

Les variants isolés dans les différents compartiments corporels d'un même patient diffèrent par leur séquence nucléotidique et leur séquence en AA. Des génotypes différents ont été retrouvés dans les différents compartiments (Roque-Afonso et al., 2005). La compartimentation cellulaire des variants pourrait être liée à un tropisme cellulaire différent. Ce tropisme serait déterminé par la reconnaissance d'une séquence donnée par le complexe récepteur, sa fixation au récepteur et son internalisation spécifique, mais aussi par la capacité des protéines virales à être fonctionnelles dans un contexte cellulaire donné. Des manifestations extra-hépatiques de l'infection par le VHC ont été décrites. La présence de cryoglobulines mixtes a été retrouvée chez 40 à 80% des sujets atteints d'hépatite C chronique (Agnello et al., 1992). Au sein des cryoprécipités, de fortes concentrations d'ARN viral et de protéines virales ont été mises en évidence (Agnello et al., 1992). Les manifestations cliniques de ce phénomène sont rares. Il s'agit essentiellement de manifestations cutanées (purpura, lichen plan, syndrome de Raynaud...), neurologiques (paresthésies), rhumatismales (arthralgies) ou rénales (néphropathies glomérulaires). Les lymphomes B non hodgkiniens sont les lymphomes les plus fréquents. Ils semblent plus fréquemment observés en Europe du Sud qu'en Europe du Nord suggérant une contribution de facteurs génétiques ou environnementaux (Matsuo et al., 2004).

C. Réponse immune lors de l'infection

1. Les acteurs de la réponse immune

La première ligne de défense est constituée par les cellules Natural killer (NK) et les lymphocytes Natural killer T (NKT) dont la proportion dans le foie est plus importante que dans le sang périphérique (Doherty and O'Farrelly, 2000). Ces cellules sont des acteurs importants de la réponse anti-virale par leur activité cytotoxique ou la production de cytokines (Ahmad and Alvarez, 2004). Les cellules NK et NKT activées sécrètent de l'IFN-γ, qui inhibe la réplication du VHC par un mécanisme non cytolytique (Frese et al., 2002). Les DC ou les macrophages résidents appelés cellules de Küpffer permettent la présentation de l'antigène (Ag) aux autres cellules de l'immunité. Les DC se différencient et migrent vers les tissus lymphoïdes où elles stimulent les lymphocytes T CD4, T CD8 et B. Les DC ont un rôle crucial par leur sécrétion de cytokines dans la polarisation des réponses T auxiliaires (Su et al., 2002). Les DC sécrètent diverses cytokines (IL12, TNF-α, IFN-α et IL10) régulant les fonctions des cellules immunes (Banchereau et al., 2000). Les lymphocytes T auxiliaires ont une fonction de régulation de la réponse immune médiée par la sécrétion de cytokines activant soit la réponse T cytotoxique (réponse T helper 1 (Th1) avec la sécrétion d'IL-2, INF-γ, et TNF-α) soit la réponse humorale (réponse Th2 avec sécrétion d'IL-4, IL-5, IL-10, IL-13) (Figure 10).

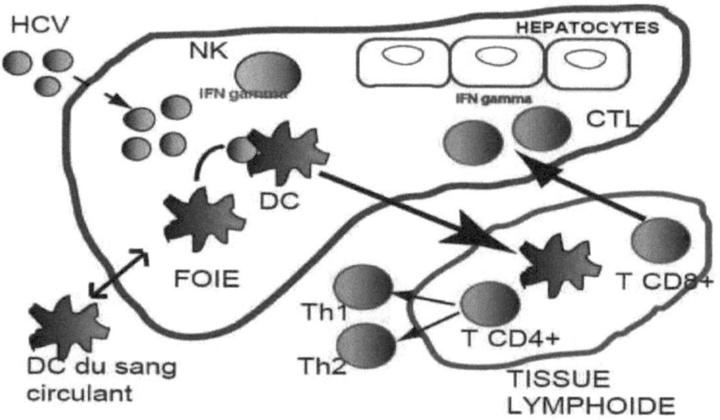

Figure 10 : Les acteurs de la réponse immune dans l'hépatite C (d'après Kanto and Hayashi, 2006).

2. Réponse immune lors de l'infection

Pendant les phases précoces de l'infection par le VHC, la concentration sérique d'ARN viral augmente rapidement durant les premiers jours et reste élevée pendant la période d'incubation qui dure 10 à 12 semaines après la contamination. L'analyse de l'expression des gènes dans un foie infecté par le VHC a montré la production d'IFN de type I et la stimulation des gènes induits par l'IFN quelque soit l'évolution de l'hépatite (Thimme et al., 2002). L'absence de décroissance de la charge virale dans les phases précoces, indique que le VHC perturbe la machinerie antivirale.

a. Immunité innée

L'implication des cellules NK dans la clairance du VHC n'est pas encore élucidée. Un haplotype de récepteur inhibiteur des NK semble associé à la clairance spontanée du virus. Les patients homozygotes pour KIR2DL3 avec HLA-C1 ont plus de chance d'éliminer le VHC indiquant qu'une réponse NK inhibitrice diminuée confère une protection contre le VHC (Khakoo et al., 2004). Les DC jouent un rôle primordial dans la réponse innée en interagissant avec les cellules NK par deux moyens pour activer les NK : production de cytokines (IL-12, IL-18, IFN-α) ou expression de ligands activateurs. En réponse à l'IFN-α, les DC expriment des chaines proches des chaines HLA de classe I (MICA/B) et activent les cellules NK après stimulation du récepteur NKG2D (Jinushi et al., 2003). De façon surprenante, les DC des patients infectés par le VHC ne surexpriment pas les chaînes MICA/B après stimulation par l'IFN-α et n'arrivent pas à activer les cellules NK. Le manque d'activation des cellules NK par les DC pourrait expliquer le faible taux de clairance spontanée du virus par les patients infectés malgré un fort taux d'IFN-α dans le foie (Thimme et al., 2002). De plus les cellules NK régulent négativement les fonctions DC en présence d'hépatocytes par la sécrétion de cytokines suppressives, IL-10 et TGF-β (Jinushi et al., 2004). Les DC sont des cellules présentatrices d'Ag (CPA) impliquées dans la stimulation de la réponse immune adaptative. Une présentation d'Ag défective par les DC est évoquée pour expliquer la défaillance de la réponse T spécifique du VHC. Des DC dérivées de monocytes de patients infectés par le VHC ont une activité de stimulation des CD4+ diminuée (Della Bella et al., 2007). La capacité de production de l'IFN-α des DC plasmacytoïdes chez les patients infectés par VHC semble diminuée (Dolganiuc et al., 2006).

Les protéines virales interagissent avec la réponse immune innée. Les récepteurs Toll-like (TLR) sont activés par des molécules associées au virus et ils induisent la production de cytokines pro-inflammatoires ou d'IFN de type I. Il a été montré que la protéine NS3 est capable d'interférer sur les voies de signalisation médiées par les TLR (Li et al., 2005). De même, la liaison de E2 avec le CD81 des cellules NK inhibe leur activation (Crotta et al., 2002). Les protéines de capside et E1 introduites dans des DC de patients sains diminuent leur capacité à stimuler la réponse T allogénique (Sarobe et al., 2002). Les protéines NS3 et NS4 influencent la production de cytokines par les monocytes et leur maturation en DC (Brady et al., 2003; Dolganiuc et al., 2003).

b. Immunité adaptative cellulaire

La clairance du virus est dépendante de la réponse adaptative cellulaire (Dustin and Rice, 2007). Lors de l'infection aiguë, les lymphocytes T activés migrent dans le foie. L'accroissement des cellules T CD4+ et CD8+ et la production d'IFN-γ coïncident avec la décroissance de la charge virale. Une réponse de type Th1 intense dirigée contre de nombreux épitopes du virus est détectée dans les situations de guérisons spontanées du virus (Thimme et al., 2002). Lors de la phase aiguë, une prolifération importante des cellules CD4+ spécifiques du VHC, associée à une forte production d'IFN-γ par ces cellules a été décrite pour les patients éliminant spontanément le virus (Kaplan et al., 2007). Comme pour les lymphocytes T CD4+, une réponse persistante et forte des CD8+ est observée chez la majorité des patients qui ont une infection résolutive (Lauer et al., 2004). La proportion de lymphocytes T CD8+ spécifiques du VHC est élevée pendant la phase aiguë (2 à 8% des cellules T CD8+ périphériques), toutefois celle-ci diminue lors de la phase chronique (He et al., 1999). Malgré un nombre important de lymphocytes T cytotoxiques (CTL), une partie de ces cellules sont « anergiques » pendant la phase aiguë, comme le montre leur incapacité à produire de l'IFN-γ et à proliférer en réponse aux Ag du VHC (Lechner et al., 2000).

Une défaillance primaire ou un épuisement des cellules T lors de la phase aiguë sont impliqués dans la persistance virale. Quelques patients asymptomatiques qui évoluent vers une hépatite chronique ne présentent aucune réponse T spécifique anti-VHC, suggérant une défaillance primaire des cellules T. Gerlach et collaborateurs ont rapporté des cas de patients qui perdent leur réponse T cinq à six mois après une hépatite aiguë (Gerlach et al., 1999). Différentes études sur le phénotype de différentiation des T CD8+ ont mis en évidence un défaut de maturation de ces cellules. Lors de la phase aiguë, la différentiation des cellules T CD8+ centrales mémoires (CCR7+) en cellules effectrices cytotoxiques (CCR7-) est défaillante en raison du blocage de la sécrétion d'IL-2 (Accapezzato et al., 2004b). Dans la phase chronique, les lymphocytes T CD8+ spécifiques du VHC, présentent un phénotype moins mature suggérant une influence de l'infection par VHC dans la différentiation des T CD8+ (Lucas et al., 2004). Or, il a été montré que les cellules T CD8+ spécifiques du VHC les plus matures (CD27- et CD28-) ont des capacités de production d'IFN-γ et de cytotoxicité plus élevées que des cellules moins différentiées (Wedemeyer et al., 2002). Lors de la phase chronique, la fonction des cellules CD4+ est altérée et leur activité n'est pas soutenue (Ulsenheimer et al., 2003). Des études chez le chimpanzé guéri ont mis en évidence le rôle essentiel des cellules CD4+ pour le développement d'une réponse T CD8+ efficace protégeant contre la persistance du VHC. Le rôle de la réponse CD8+, lors de l'hépatite chronique, sur l'inflammation et le contrôle de la réplication reste controversé. Des études ont montré que la réponse des CTL est inversement corrélée à la charge virale, suggérant un effet inhibiteur sur la réplication du VHC (Nelson et al., 1997). Ces résultats n'ont pas été retrouvés par d'autres investigateurs (Wong et al., 1998). Les T CD8+ des patients chroniquement infectés ont une moindre capacité à proliférer et produisent moins d'IFN-γ en réponse à des Ag viraux (Wedemeyer et al., 2002). Le VHC est caractérisé par sa distribution en quasiespèce chez les patients. Des mutations génomiques peuvent survenir dans les régions des épitopes reconnus par les T CD8+ un an après l'infection aiguë (Cox et al.,

2005). Ces mutations sont plus fréquentes chez les patients évoluant vers la chronicité que chez les patients éradiquant le virus spontanément (Erickson et al., 2001). Le mécanisme observé est une baisse de l'affinité de liaison ou une diminution de la reconnaissance des peptides par le TCR (T cell receptor) ou un dysfonctionnement au niveau du protéasome lors de l'assemblage (Timm et al., 2004). L'association de la protéine de capside avec un domaine du récepteur du complément C1q sur les lymphocytes T diminue la prolifération de ces cellules et la production d'IL2 (Kittlesen et al., 2000). De nombreuses études ont montré le rôle des cellules T régulatrices dans la physiopathologie de différentes maladies telles que les infections, les pathologies auto-immunes ou les cancers. La fréquence de ces cellules T régulatrices (CD4+ et CD25+high) est plus importante chez les porteurs chroniques du VHC que chez les patients ayant éliminé spontanément le virus ou des patients contrôles non infectés (Cabrera et al., 2004). De plus, ces cellules ont une fonction suppressive sur les T CD8+ spécifiques du VHC en produisant de l'IL10 ou du TGF-β (Cabrera et al., 2004). La production d'IL10 favorise la persistance virale mais limite la destruction du foie (Accapezzato et al., 2004a). Une corrélation positive a été montrée entre la fréquence des CD4+ CD25+ high et la charge virale VHC. Toutefois, les raisons pour lesquelles les cellules T régulatrices sont augmentées dans l'infection par le VHC restent inconnues.

c. Immunité adaptative humorale

Le rôle de l'immunité humorale dans l'évolution de la pathologie n'est pas clairement compris. La séroconversion est relativement décalée lors d'une infection primaire ; la réponse Ac n'est détectée qu'après le pic des aminotransférases indiquant l'existence de lésions hépatiques induites par l'immunité (Thimme et al., 2002; Major et al., 2004). Les protéines non structurales sont ciblées avant les glycoprotéines d'enveloppe. La réponse humorale n'est pas indispensable à la clairance de l'infection aiguë. Elle peut même diminuer après une infection résolutive (Logvinoff et al., 2004). L'apparition des Ac neutralisants est significativement décalée dans la phase aiguë. Chez le chimpanzé, l'apparition d'Ac dirigés contre la région HVR1 de E2 est associée à une évolution vers la chronicité (Major et al., 2004). Chez l'homme, la présence d'Ac neutralisants dirigés contre les glycoprotéines d'enveloppe à la phase aiguë semble un facteur péjoratif de guérison spontanée (Kaplan et al., 2007). En utilisant le modèle VHCpp des Ac neutralisants ciblant les glycoprotéines d'enveloppe ont pu être mis en évidence dans le sérum de patients chroniquement infectés (Bartosch et al., 2003b; Logvinoff et al., 2004). Malgré la présence d'un titre élevé d'Ac neutralisants, l'infection persiste; ceci indique que la réponse humorale est décalée par rapport à l'évolution du virus. Il a été montré que les Ac neutralisants ciblent la quasi-espèce qui n'est déjà plus dominante dans le sérum des patients (Dustin and Rice, 2007). Même si les Ac neutralisants ne peuvent pas guérir une infection par le VHC, ils jouent un rôle partiel de prévention. Les études de vaccination et des immunisations passives chez le chimpanzé ont montré que les Ac dirigés contre E1 et E2 peuvent conférer une certaine protection chez le chimpanzé (Farci et al., 1994).

d. Environnement tolérogène du foie

Etant donné que le foie est irrigué par le sang provenant du tractus digestif, il est exposé à des Ag de l'alimentation ou de la flore intestinale. C'est pourquoi, malgré l'abondance de CPA, ce mécanisme de présentation conduit à une tolérance ou à une activation limitée des cellules T. L'analyse des lymphocytes infiltrés dans le foie a montré des résultats différents de l'analyse des cellules mononuclées du sang périphérique (Schirren et al., 2000). L'environnement immunologique du foie est potentiellement tolérogène pour les cellules T infiltrées (Crispe, 2003). Les cellules sinusoïdales endothéliales, les cellules de Küpffer et les DC du foie semblent impliquées dans ce phénomène (Lau and Thomson, 2003).

D. Variabilité et physiopathologie

Le génotype ne semble pas influencer le taux de passage à la chronicité après une infection aiguë, ni la survenue de manifestations extra-hépatiques. Le génotype viral n'est pas associé à une progression plus rapide de l'infection vers la fibrose (Zein, 2000; Payan et al., 2005). En revanche, une étude prospective chez 163 patients cirrhotiques suivis pendant 17 ans, a montré que le risque de développer un CHC était plus important chez les patients infectés par un génotype 1b (Bruno et al., 2007). Des études réalisées chez les transplantés hépatiques ont montré que les récidives d'hépatopathie C étaient plus sévères chez les sujets infectés par un génotype 1b (Gane et al., 1996). La sévérité des lésions hépatiques pourrait être liée à une activité apoptotique au niveau du foie plus importante chez les patients infectés par un génotype 1b (Di Martino et al., 2000). Toutefois, le lien entre la sévérité de l'atteinte hépatique après transplantation et le génotype 1b n'a pas été confirmé par d'autres études (Zeuzem et al., 1996; Zhou et al., 1996) et reste controversé. Le traitement immunosuppresseur semble le facteur le plus impliqué dans l'atteinte hépatique en post-transplantation (Roche and Samuel, 2007).

La stéatose est un phénomène fréquemment retrouvé lors d'une infection chronique par le VHC. Si l'on exclue les facteurs externes pouvant être une source de stéatose (obésité, consommation d'alcool, diabète...), la prévalence de la stéatose est retrouvée chez 40% des infections chroniques par le VHC. La fréquence de la stéatose est deux fois plus élevée dans l'hépatite C chronique que dans l'hépatite B chronique (Negro, 2006). Elle est liée à une accumulation de triglycérides au niveau du cytoplasme des hépatocytes. De nombreuses études ont montré que ce phénomène était plus fréquent et plus sévère chez les patients infectés par un génotype 3 (Rubbia-Brandt et al., 2000; Adinolfi et al., 2001). La sévérité de la stéatose est corrélée avec les concentrations sériques ou hépatiques de l'ARN VHC particulièrement chez des patients infectés par un génotype 3 (Poynard et al., 2003). Des mesures de la protéine de capside intra-hépatique par immunoblot ont confirmé ce lien entre la réplication virale et la stéatose (Fujie et al., 1999). D'autre part, la stéatose est réduite ou disparaît lorsque les patients guérissent lors du traitement. Cet effet est plus important chez les patients infectés par un génotype 3 que chez des patients infectés par un autre génotype (Kumar et al., 2002). Enfin, les études *in vitro* ont montré que la protéine de capside est suffisante pour induire l'accumulation de triglycérides dans l'hépatocyte. L'expression de la protéine de capside de génotype 3a conduit à une accumulation de triglycérides trois fois plus importante que la protéine de capside de génotype 1 (Abid et al., 2005).

IV. Traitement

Depuis la découverte du VHC en 1989 et l'introduction de la monothérapie par IFNα au début des années 1990, des progrès considérables ont été réalisés dans la prise en charge thérapeutique des infections par le VHC, qu'elles soient chroniques ou aiguës. Le traitement standard actuel de l'infection chronique repose sur la combinaison de pegIFNα et de la RBV (WHO, 1999). Le principal objectif du traitement est l'éradication virale et la normalisation des transaminases. Les algorithmes de traitement actuels permettent d'atteindre une RVS (c'est à dire une virémie VHC plasmatique indétectable plus de 6 mois) chez 80% des patients infectés par un virus de génotype 2 ou 3, après un traitement de 24 semaines. Malheureusement, les patients infectés par un virus de génotype 1 atteignent une RVS dans 40-50% des cas après 48 semaines de traitement (Fried et al., 2002). Le suivi des patients plusieurs années après la guérison a montré que la RVS était synonyme d'élimination définitive du virus et de guérison (George et al., 2009).

A. Molécules antivirales actuellement utilisées

1. Les interférons : mécanisme d'action et pharmacocinétique

Les IFN sont des protéines appartenant à la famille des cytokines. Cette famille de protéines autocrines et paracrines stimule des réseaux intra et intercellulaires qui régulent la résistance aux infections virales, active la réponse immunitaire innée ou adaptative et présente également des propriétés antiprolifératives et anti-tumorales (Pestka et al., 2004). Ce sont les premières cytokines utilisées en thérapeutique. Trois classes d'IFN ont été identifiées, désignées type I à III, et classées en fonction du récepteur par lequel ces protéines signalaient : les IFN de type I regroupent entre autres les IFN α, IFN β, IFN ω, IFN ε/τ, IFN κ, les IFN de type II ont un seul représentant, l'IFN γ (Neta and Salvin, 1981), et les IFN de type III, récemment décrits, regroupent 3 IFN λ (de 1 à 3). Ces derniers auraient comme les IFN de type I des propriétés antivirales et pourraient être les ancêtres des IFN de type I (Levraud et al., 2007). Ils utilisent des récepteurs différents mais les mêmes voies de signalisation.

Les IFNα sont produits principalement par les leucocytes (monocytes et macrophages) suite à une infection virale. Chez l'homme, il existe plus d'une vingtaine de sous-espèce d'IFNα. Les sous-espèces α-2a et α-2b sont utilisées en thérapeutique.

Lors d'une infection par le VHC, la première ligne de défense mise en jeu par l'hôte pour combattre l'infection est la réponse innée et en particulier la production d'IFN de type I. Elle est induite par 2 voies principales :

- l'ARN viral est reconnu par des senseurs cytoplasmiques tels que RIG-I ou MDA-5 (melanoma differentiation antigen 5) qui vont ensuite se lier à l'IPS-1 (IFN-β promoter stimulator-1) ce qui va permettre l'activation de l'IRF-3 (interferon regulatory factor-3) et de NF-κB (nuclear factor κB). Ces facteurs de transcription seront transloqués dans le noyau et induiront la production d'IFN-β (Johnson and Gale, 2006) ;

- la voie de signalisation par les TLR : Les TLR 3, 7 et 8 sont impliqués dans les mécanismes de défense de l'hôte contre les infections virales. La reconnaissance d'ARN double brin par TLR 3 induit le recrutement de la protéine adaptatrice TRIF (TIR domain containing adaptator inducing IFN-β) puis active les facteurs de transcription IRF3 et NF-κB qui induisent la transcription des gènes de l'IFN-β. TLR 7 et 8 sont exprimés dans le compartiment endosomal. Ils reconnaissent des ARN simple brin et recrutent la protéine adaptatrice MyD88 (myeloid differentiation factor 88), active les facteurs de transcription IRF-7 et NF-κB. Ces derniers activent la production de cytokines pro-inflammatoires et d'IFN de type I (Akira et al., 2006).

Les voies de signalisation des IFN sont ensuite activées, induisant la production de différentes molécules antivirales. Ces cytokines interagissent avec des récepteurs membranaires pour exercer leurs effets sur les cellules cibles. Toutes les lignées cellulaires, à l'exception des érythrocytes mâtures, expriment à leur surface des récepteurs aux IFN. Les récepteurs fonctionnels sont constitués de plusieurs sous-unités protéiques distinctes comportant un domaine transmembranaire. La fixation du ligand à son récepteur induit une dimérisation de ce dernier et une cascade de signaux intracellulaires très similaires pour les IFN (Sadler and Williams, 2008). L'initiation de cette cascade commence par l'activation des protéines de la famille des Janus kinases (Jaks) qui sont associées aux domaines intra-cytoplasmiques des récepteurs à l'IFN. Ces Jaks induisent la phosphorylation des facteurs de transcription STATs (signal transducer and activator of transcription). Les STATs phosphorylées forment un complexe multimérique avec la protéine IRF-9, qui est transloqué dans le noyau et se lie à une séquence d'ADN appelée IFN-stimulated response element (ISRE), située dans le promoteur des gènes inductibles par les ISG (IFN-stimulated gene) (Figure 11) (Stark et al., 1998). Ainsi, un grand nombre de protéines antivirales peuvent être induites sous le contrôle des IFN. La voie de signalisation intracellulaire Ras/Raf/MEK/ERK joue un rôle central dans la régulation de plusieurs processus cellulaires tels que la prolifération, la survie, la différenciation, l'apoptose, la mobilité et le métabolisme. Cette voie est activée par la capside et E2 en augmentant l'activité basale de Raf et MEK et en hyper-phosphorylant ERK. L'activation en cascade des kinases Ras puis Raf aboutit à la phosphorylation de MEK1 et MEK2 qui vont à leur tour phosphoryler deux substrats ERK1 et ERK2 (Figure 11) (Zhang et al., 2012). Une fois phosphorylées, les ERK se dimérisent et transloquent dans le noyau où elles vont empêcher la cellule d'entrer en apoptose en réprimant son système de défense antiviral par le blocage de la protéine kinase dépendante des ARN bicaténaires (PKR). Elle affecte de nombreux processus cellulaires et inhibe la réplication virale. Ce processus semble essentiel à la réplication du virus, car la capside, E2, et NS5A et même l'ARN viral jouent des rôles prépondérants dans l'inhibition de la PKR.

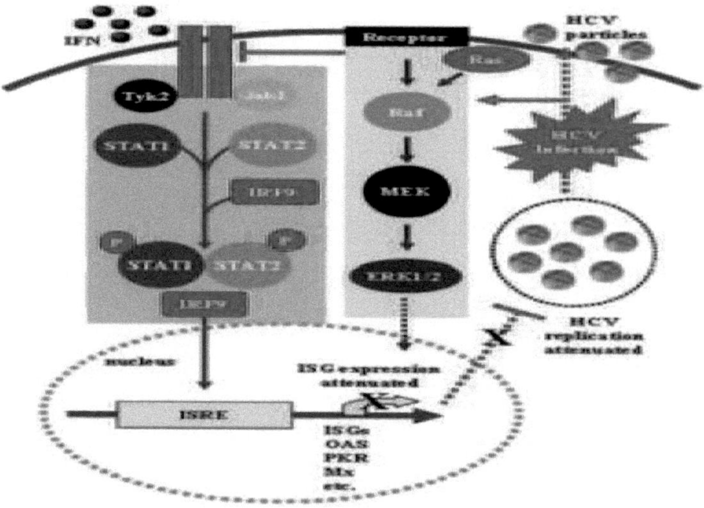

Figure 11 : Voies de régulation de la réplication du VHC (d'après Zhang et al., 2012).

Pharmacologie des IFNs

Les IFNs standards ou pégylés sont administrés par voie sous-cutanée. Les IFNs standards, IFNα-2a ou IFNα-2b ont une concentration maximale (Cmax) sérique 6 à 12 heures après l'injection et une demi-vie d'élimination de 7-9h. L'IFNα est quasiment indétectable 24h après son administration. Etant administré 3 fois par semaine, il en résulte une fluctuation importante des concentrations sériques d'IFN médicamenteux entre 2 injections, et donc des périodes où le virus n'est plus soumis à l'effet de l'IFN (Luxon et al., 2002).

2. La ribavirine : mécanisme d'action et pharmacocinétique

La ribavirine ou 1-b-D-ribofuranosyl-1,2,4-triazole-3-carboxamide est un analogue nucléosidique de la guanine présentant une action virostatique sur de nombreux virus à ARN : (Influenza A et B, Parainfluenzae, virus respiratoire syncitial) et ADN (Figure 12).

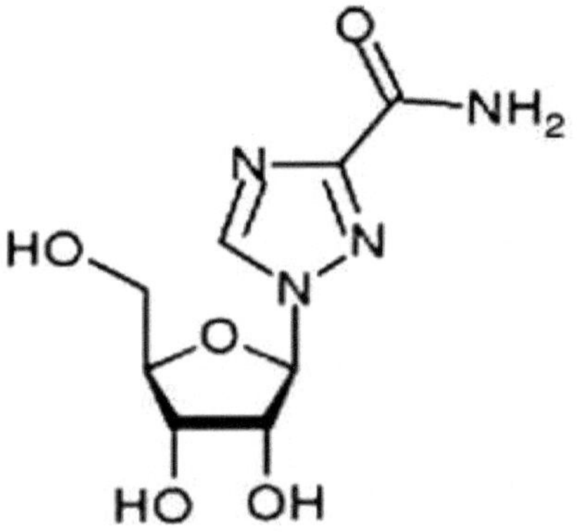

Figure 12 : Formule chimique de la ribavirine

Lors des essais thérapeutiques pour le traitement de l'infection chronique C, la RBV en monothérapie permet uniquement la normalisation des aminotransférases chez 30 à 50% des patients, sans effet significatif sur la charge virale (Di Bisceglie et al., 1995). En revanche, l'association à l'IFN-α a permis d'augmenter les taux de guérison de l'hépatite C chronique

(McHutchison et al., 1998). Une adaptation de la posologie en fonction du poids du patient est effectuée. La pharmacocinétique de la RBV présente cependant d'importantes variations interindividuelles. Différents mécanismes d'action ont été proposés : une action directe sur l'ARN polymérase virale, une inhibition d'une enzyme cellulaire l'inosine monophosphate déshydrogénase (IMPDH), un effet mutagène, une augmentation de la traduction des gènes dépendant de l'IFN, une modulation de la réponse immune en faveur d'une réponse Th1. L'inhibition de l'ARN polymérase nécessite la conversion intracellulaire de la ribavirine en dérivés mono, di et triphosphate. Toutefois, *in vitro* la RBV triphosphorylée possède une activité faible vis-à-vis de la polymérase du BVDV, virus modèle du VHC. Les concentrations inhibitrices 50 calculées pour les polymérases des 6 génotypes du VHC sont élevées (Lau and Thomson, 2003). La RBV sous forme mono-phosphate, inhibe l'IMPDH. Ceci pourrait induire une diminution de la réplication virale (Lau et al., 2002). Des modifications du cycle cellulaire, en particulier un retard de la progression vers la phase S, ont été mises en évidence. Des inhibiteurs de l'IMPDH comme l'acide mycophénolique inhibent la multiplication des réplicons subgénomiques du VHC. Cette propriété est levée par l'adjonction de guanosine dans le milieu. Toutefois, l'adjonction de guanosine ne restaure que partiellement la multiplication des réplicons traités par la RBV. L'activité anti-VHC de la RBV ne s'explique donc pas uniquement par une inhibition de l'IMPDH. *In vivo*, l'effet mutagène au niveau du gène NS5A, semble corrélé avec une réponse virologique soutenue après traitement (Asahina et al., 2005). Cet effet mutagène sur NS5A a été confirmé dans le modèle VHCcc sur la souche JFH-1, il diminue l'infectiosité virale et augmente la sensibilité à l'IFN (Brochot et al., 2007).

La RBV pourrait augmenter l'activité antivirale de l'IFN-α en augmentant l'interaction de STAT1 avec l'ADN cellulaire et ainsi augmenter la traduction des gènes dépendant de l'IFN (Zhang et al., 2003). L'effet de la RBV a été étudié au niveau d'hépatocytes primaires ainsi que dans le système réplicon VHC (Liu et al., 2007). Il a été montré que la RBV augmente l'expression et l'activité de la PKR, conduisant à une augmentation de la phosphorylation d'eIF2-α .

Ces résultats suggèrent que l'effet anti-VHC de la RBV pourrait être attribué à son action sur la PKR. Il semble également que la RBV ait un effet immunomodulateur, en favorisant la réponse Th1 aux dépens de la réponse Th2 (Dixit et al., 2004). *In vivo* chez la souris la RBV favorise la réponse Th1 en induisant la production d'IL-12. Des études réalisées sur des cultures de lymphocytes T humains de sujets sains ont mis en évidence un effet stimulant de la RBV sur la réponse Th1 en augmentant la production d'IL-2, de TNF-α et d'IFN-γ tout en réprimant la production des cytokines Th2 (IL-4, IL-5, IL-10) (Tam et al., 1999). Chez les patients traités par l'association IFN-α et RBV, la production d'IL-10 par les lymphocytes en culture est diminuée par rapport à la production d'IL-10 par les lymphocytes des patients traités par une monothérapie à base d'IFN. Ceci suggère une inhibition de la réponse Th2.

Pharmacologie de la RBV

La RBV est administrée par voie orale. Elle est absorbée rapidement, avec une Cmax obtenue 1h à 6h après l'administration. La biodisponibilité est de 45 à 65% et est augmentée lors de repas riche en graisse. La RBV ne se lie pas aux protéines plasmatiques et est transportée dans les cellules grâce à des transporteurs de nucléosides présents sur la plupart des cellules. Sa demi-vie d'élimination est de 70h après l'administration d'une dose unique et en fin de traitement, elle est de 300h environ ce qui traduit une accumulation dans le sang total et probablement une élimination lente à partir des compartiments extracellulaires (Tsubota et al., 2003). Lors du traitement d'une hépatite C chronique, l'état d'équilibre des concentrations sanguines de RBV est obtenu entre 4 et 8 semaines (Tsubota et al., 2003). A l'état d'équilibre, la concentration maximale observée peut être 2 à 3 fois plus élevée que la concentration résiduelle (Breilh et al., 2009).

B. Facteurs influençant la réponse au traitement

Le taux de réponse au traitement par pegIFNα et RBV étant très variable d'un patient à l'autre et d'un virus à l'autre, les facteurs influençant la réponse au traitement ont été recherchés. Des facteurs viraux, de l'hôte ou pharmacologiques ont été identifiés.

1. Facteurs viraux

Parmi les facteurs viraux prédictifs de réponse, le génotype est le facteur présentant la meilleure valeur prédictive de réponse au traitement. Une infection par un virus de génotype 2 ou 3 est de meilleur pronostic qu'une infection par un virus de génotype 1 ou 4 (Fried et al., 2002). Un autre facteur viral important est la concentration d'ARN VHC plasmatique pré-thérapeutique. Une charge virale faible, c'est-à-dire pour la plupart des études, inférieure à 800000 UI/mL est prédictive d'une meilleure réponse au traitement par pegIFNα et RBV (Zeuzem et al., 2006). Cependant des seuils plus bas à 600000 ou 400000 UI/mL ont été proposés dans des études plus récentes (Zeuzem et al., 2009). La cinétique de décroissance de la charge virale est également un facteur important et est utilisé dans la prise en charge des patients. Les patients qui ont une charge virale indétectable dans le plasma 4 semaines après le début du traitement (réponse virologique rapide (RVR)) ont une RVS dans plus de 80% des cas (Davis, 2006). Chez les patients coinfectés par le VIH, la RVR a une valeur prédictive positive pour la RVS de 69% chez les patients infectés par un virus de génotype 1 et de 83% chez les patients infectés par un virus de génotype 2 ou 3 (Martin-Carbonero et al., 2008).

La réponse virologique précoce (RVP), définie par une baisse de la charge virale VHC à la semaine 12 de plus de 2 log UI/mL, a une valeur prédictive positive pour la RVS de 65-72% chez des patients infectés par un virus de génotype 1 (Craxi, 2004). Les patients qui n'ont pas de RVP n'ont aucune chance de guérir puisque la valeur prédictive négative pour la RVS est de 98-100%.

2. Facteurs de l'hôte

Les principaux facteurs impliqués dans une mauvaise réponse au traitement sont un âge plus élevé (Chen and Tung, 2009), le sexe masculin, un indice de masse corporelle élevé (Bressler et al., 2003), une origine asiatique ou afro-américaine, une fibrose hépatique à un stade avancé (Fried et al., 2002).

Les fibroses avancées, les cirrhoses, les formes associées à des manifestations extra-hépatiques telles les glomérulonéphrites membrano-prolifératives présentent une plus forte incidence de la résistance (Yaginuma et al., 2006).

Un indice de masse corporelle élevé, la présence d'une stéatose, le diabète, la prise d'alcool peuvent constituer des facteurs de mauvaise réponse à l'IFN (Konishi et al., 2007). Certaines origines ethniques telles que les Afro-américains sont aussi un facteur péjoratif de réponse au traitement (McHutchison et al., 2000). Le pourcentage d'échec observé chez les afro-américains pourrait s'expliquer par des facteurs génétiques différents (hormonaux ou déterminants immunologiques). Toutefois des facteurs socio-économiques pourraient représenter un biais dans ces résultats.

Un faible taux d'IP-10 (IFN-γ inducible proteine 10kDa) avant traitement est corrélé à une bonne réponse au traitement (Lagging et al., 2006). Au contraire un taux élevé d'alpha-fœto-protéine avant traitement est un facteur péjoratif de réponse au traitement (Males et al., 2007). Enfin une co-infection avec le virus VIH est un facteur de mauvais pronostic thérapeutique (Torriani et al., 2004). Ainsi les patients co-infectés VIH et VHC sont traités pendant 48 semaines quel que soit le génotype (Alberti et al., 2005). Un taux de lymphocyte CD4+ élevé est corrélé à une meilleure réponse au traitement. Plusieurs mécanismes sont évoqués pour expliquer cette moindre efficacité du traitement chez les patients co-inféctés. La charge virale VHC est souvent plus élevée chez ces patients (Torriani et al., 2004). La demi-vie des virus VHC semble plus longue chez les patients co-infectés (Torriani et al., 2003). La réponse immunitaire T CD4+ et CD8+ est perturbée chez les co-infectés, ce qui explique l'échec d'un traitement basé en partie sur la stimulation du système immunitaire (Kim et al., 2006).

D'autres facteurs ont été identifiés récemment. Chez les patients inclus dans la cohorte Virahep-C, il a été observé que l'index HOMA (homeostasis model assessment of insuline sensitivity) qui mesure la résistance à l'insuline était associé de manière indépendante à la RVS (Conjeevaram et al., 2006). Ceci a également été retrouvé dans une étude réalisée chez 300 patients Taïwanais traités par pegIFNα et RBV, en particulier chez les patients difficiles à traiter (Dai et al., 2009) et dans différentes études réalisées chez des patients caucasiens (Poustchi et al., 2008). Un mécanisme par lequel la résistance à l'insuline et l'obésité pourrait contribuer à la non-réponse et l'augmentation de la régulation de SOCS3 (suppressor of cytokine signaling 3) (Walsh et al., 2006). En effet, SOCS3 bloque la voie de signalisation de l'IFN et peut exacerber la résistance à l'insuline en augmentant la dégradation des récepteurs de l'insuline. L'origine ethnique pourrait être l'un des facteurs influençant le plus la réponse au traitement. Trois études comparant l'effet du pegIFNα et de la RBV chez des américains d'origine africaine et des américains d'origine caucasienne, infectés par un virus génotype 1 ont montré que les patients d'origine africaine répondaient moins fréquemment au traitement (19-28%) que les patients d'origine caucasienne (39-52%) (Conjeevaram et al., 2006). Le taux de RVR était inférieur à celui observé chez des patients d'origine caucasienne (10 versus 22%).

Un facteur génétique essentiel a été récemment identifié. Des polymorphismes génétiques situés sur le chromosome 19, à proximité du gène codant pour l'IL28B encore appelé IFN-λ3 ont été identifiés comme facteurs influençant la réponse au traitement pour les virus de génotype 1. Le premier SNP (single nucléotide polymorphism) retrouvé, le rs12979860, a été associé à une réponse au traitement anti-VHC deux fois plus fréquente chez les patients porteurs du génotype CC, qu'ils soient d'origine caucasienne ou afro-américaine (Ge et al., 2009). Les patients homozygotes CC pour ce polymorphisme éliminaient également plus fréquemment le virus lors d'une infection aigue (Tajir et al., 2012). La fréquence de cet allèle est très variable d'une population à l'autre, avec une fréquence faible chez les individus d'origine africaine (<40%), une fréquence moyenne chez les individus d'origine caucasienne et marocaine (50-70%), une fréquence très élevée chez les individus d'origine asiatique (80-100%). Ceci pourrait donc expliquer les disparités de réponse au traitement observées selon les origines ethniques. D'autres polymorphismes proches du gène de l'IL28B, seraient également associés à la non réponse au traitement par pegIFNα et RBV, en particulier le SNP rs8099917 chez la population japonaise (Suppiah et al., 2009; Tanaka et al., 2009). L'allèle minoritaire de ce dernier serait associé à la progression vers la chronicité de l'infection VHC et à l'échec du traitement en particulier chez les patients infectés par un génotype 1 ou 4 (Rauch et al., 2010). Ces 2 SNPs sont en déséquilibre de liaison avec des polymorphismes situés dans le gène codant l'IL-28B, qui influenceraient son expression.

3. Facteurs pharmacologiques

L'adhérence au traitement, les paramètres pharmacocinétiques de la RBV et de l'IFN sont également des éléments déterminants de réponse. La fréquence plus élevée des échecs thérapeutiques en pratique courante par comparaison aux essais cliniques est probablement liée à la meilleure observance des patients lors des essais cliniques (Falck-Ytter et al., 2002). Différentes études ont montré l'importance des concentrations sériques de RBV en cours de traitement pour l'obtention d'une RVS (Tsubota et al., 2005). Les concentrations d'IFN pourraient aussi influencer la réponse au traitement. Des taux de réponse virologique très élevés chez des patients hémodialysés traités par IFN standard ont été obtenus (Izopet et al., 1997).

C. Nouvelles approches thérapeutiques

1. Amélioration des traitements actuellement disponibles

Des améliorations ont été réalisées en termes de biodisponibilité, de pharmacocinétique et de tolérance des IFN médicamenteux. L'albuféron alpha est une forme fusionnée de l'IFNα-2b avec l'albumine sérique humaine. Il a une forte activité antivirale, et est bien toléré grâce à une demi-vie plus longue que les IFN standards ou pégylés permettant une injection toutes les 2 semaines (Chemmanur and Wu, 2006). L'albuféron est en essai de phase III. Un analogue de la RBV, la viramidine, a été développé pour améliorer le profil de tolérance et éviter l'effet secondaire majeur de la RBV, l'anémie. Cette nouvelle molécule se concentre dans les hépatocytes et a été associée à un risque réduit d'anémie hémolytique (Gish et al., 2007). Cependant les études de phase III ont montré que la viramidine à dose fixe était moins efficace que la RBV (Marcellin et al., 2010).

2. Futurs traitements

L'efficacité modérée de la bithérapie par pegIFNα et RBV, seul traitement actuellement disponible, rend la mise à disposition de nouvelles molécules de plus en plus urgente. La découverte et le développement de celles-ci sont depuis peu facilités par les nouvelles méthodes de culture et les modèles animaux disponibles (Boonstra et al., 2009). De nombreuses molécules sont en cours de développement (Webster et al., 2009). Les plus avancées sont les inhibiteurs sélectifs du VHC comprenant les inhibiteurs de la polymérase et de la protéase.

Les inhibiteurs de protéases et de polymérases

- Inhibiteurs de protéases

Deux classes ont été développées, celle des molécules peptidomimétiques et celle des molécules non peptidiques. La molécule la plus avancée actuellement, le télaprévir (VX-950) est un inhibiteur réversible, sélectif et spécifique de la protéase NS3/4A (Reesink et al., 2006). Dans les études cliniques préliminaires, elle était bien tolérée avec une efficacité antivirale substantielle. Cependant certains patients traités par monothérapie de télaprévir ont connu un échec virologique lié à la sélection de mutants de résistance. La combinaison de celle-ci avec l'IFNα-2a a montré une efficacité plus importante et une trithérapie avec la RBV augmente encore le taux de réponse au traitement (Lawitz et al., 2008). L'association du télaprévir à l'IFN et la RBV permet de prévenir le développement de résistances. Les essais de phase II, PROVE 1 et PROVE 2, ont évalué l'efficacité et la tolérance d'une trithérapie associant pegIFNα-2a, RBV et télaprévir chez des patients infectés par un virus de génotype 1 naïfs de traitement (Hezode et al., 2009; McHutchison et al., 2009). Dans les 2 études, les patients inclus dans les bras avec télaprévir étaient significativement plus souvent répondeurs virologiques à S4 et S12. Le taux de RVS était significativement plus élevé chez les patients des bras avec télaprévir (60-69%) que chez les patients du bras contrôle (41-46%). Chez des patients non répondeurs a un précédent traitement, le retraitement par télaprévir associé au pegIFNα et à la RBV permettait d'obtenir une RVS chez 51-53% des patients versus 14% dans le groupe contrôle de traitement par pegIFNα et RBV (McHutchison et al., 2010). Le second inhibiteur de protéase le bocéprévir (SCH503034) est un inhibiteur peptidomimétique. L'efficacité de cette molécule a été montrée en association avec le pegIFNα et la RBV chez des patients infectés par un virus de génotype 1 non répondeurs à un précèdent traitement par

IFNα et RBV (Sarrazin et al., 2007). Ces deux nouveaux inhibiteurs de protéase (Bocéprévir et télaprévir) ont reçu une autorisation temporaire d'utilisation (ATU) de cohorte (fin décembre 2010), avant leur autorisation de mise sur le marché (AMM), pressentie fin 2011. Les critères requis pour l'ATU de cohorte sont les mêmes pour les deux molécules :

- mono-infecté par un génotype 1, en cirrhose non décompensée ;
- non-répondeur avec réponse partielle : diminution supérieure à 2 log de la charge virale VHC à la semaine 12 mais ARN VHC détectable à la semaine 24 ;
- rechuteur : ARN VHC indétectable à la fin du traitement et ARN VHC détectable pendant la période de suivi.

Ces deux molécules doivent être associées au peg-IFN et la RBV. Elles se prennent en 3 prises par jour et peuvent avoir des effets indésirables importants. Pour le télaprévir, environ 30% des patients ont des rashs cutanés (éruptions cutanées) dont 7% sont des rashs sévères, ainsi que du prurit, de l'anémie. Pour le bocéprévir, les effets indésirables sont de fortes anémies (plus de 50%), fatigue, des syndromes digestifs (vomissements, nausées, diarrhées), de l'agueusie (perte du sens du goût) ou dysgueusie (altération du goût). Ces symptômes se rajoutent aux effets indésirables de la bithérapie standard. Les arrêts de traitement pour effets indésirables sont de plus de 10% (de 5% à 20% selon essais) pour les deux molécules. Ces molécules nécessitent une surveillance hématologique hebdomadaire au début du traitement et une surveillance clinique rapprochée.

- Inhibiteurs de polymérases

Deux classes structurales distinctes d'inhibiteurs de polymérase avec des modes d'action différents ont été rapportées : (1) les analogues nucléosidiques qui ciblent le site actif de la polymérase de manière compétitive et ont un large spectre d'action, (2) les inhibiteurs non nucléosidiques qui agissent soit par interaction direct avec le site actif soit par fixation au site allostérique empêchant ainsi le processus d'initiation. Cette deuxième classe est plus spécifique (Huang et al., 2006).

Autres approches thérapeutiques :

L'immunomodulation de la voie des IFN a été un champ d'investigation pour développer de nouvelles molécules. Des agonistes des TLR comme le resiquimod (agoniste de TLR7 et 8) (Pockros et al., 2007) et le CPG10101 (agoniste de TLR9) (McHutchison et al., 2007) ont été développés. Ces molécules exerçaient une activité antivirale en stimulant les voies d'IFN endogènes. Cependant les effets secondaires pour l'agoniste de TLR7 et le manque d'efficacité pour l'agoniste de TLR9, ont conduit à l'arrêt de leur développement (Zeuzem et al., 2008). Deux nouvelles molécules sont en essais de phase I : IMO2125 (agoniste de TLR9) et ANA773 (agoniste de TLR7).

La cyclosporine A, molécule utilisée en transplantation d'organe pour ses propriétés immunosuppressives, diminue la réplication du VHC par un mécanisme bloquant spécifiquement les cyclophilines B (Watashi et al., 2005). Ces dernières interviennent dans la liaison de la protéine NS5B à l'ARN viral et jouent ainsi le rôle de protéines régulatrices de la réplication du VHC. Des inhibiteurs de la cyclophiline B sans effet immunosuppresseur, tels que la molécule DEBIO-025 (alisporivir), sont en cours de développement. Administré en association avec l'IFN, il induit une réduction de la charge virale de plus de 4 log (Coelmont et al., 2009). Il est actuellement testé en phase IIb. D'autres molécules NIM811 et SCY-635 sont en cours d'évaluation.

Les ARN interférents pourraient être une option thérapeutique (Watanabe et al., 2007). Ces ARN reconnaissent une séquence d'ARN spécifique formant avec celle-ci un ARN double brin. Dans les cellules de mammifères, l'introduction d'ARN double brin active la voie des IFNs et induit une dégradation non spécifique des ARN, l'inhibition de la traduction des ARN et la mort cellulaire.

Des inhibiteurs de l'α-glucosidase sont en développement. Cette enzyme joue un rôle critique dans la maturation virale en initiant le processus de N-glycosylation des protéines d'enveloppe. Le celgosivir est en essai de phase II (Durantel et al., 2007).

Les facteurs de l'hôte peuvent également être des cibles thérapeutiques. Les thiazolides représentent une classe d'inhibiteurs ciblant spécifiquement une voie impliquée dans la réponse immunitaire antivirale. Un représentant de cette classe, le nitazoxanide, module la réponse antivirale médiée par la voie PKR, en activant cette dernière. Dans les essais de phase II réalisés chez des patients infectés par un génotype 4, le nitazoxanide en association avec pegIFN et RBV a montré un taux de RVS de 80% (Keeffe and Rossignol, 2009).

Chapitre II : Matériel et Méthodes

I. Patients

Il s'agit d'une étude prospective qui porte sur 185 patients consentants positifs en anticorps anti-VHC. Les échantillons ont été colligés de l'Institut Pasteur du Maroc et du Service de Médecine B CHU Ibn Rochd-Casablanca entre Juillet 2003 et Juillet 2010. La cohorte étudiée est composée de 104 femmes et de 81 hommes ayant une moyenne d'âge de 64 ans (39-90 ans). Après consentement de tous les sujets inclus dans ce travail, une fiche de renseignements démographiques, cliniques et biologiques complète a été soigneusement remplie pour chaque sujet. Le protocole de recrutement des patients a été approuvé par le comité éthique de la Faculté de Médecine et de Pharmacie de Casablanca. Chaque individu participant à nos recherches devait fournir un consentement éclairé par la signature d'un formulaire de consentement explicitant les implications et limites de leur participation à l'étude. Chaque patient a fait l'objet d'un prélèvement sanguin sur tube sec et EDTA (Ethylène Diamine Tétra Acétique), les sérums et les plasmas ont été conservés à -80°C jusqu'à utilisation.

II. Méthodes

A. Recherche des anticorps anti-VHC et de l'Ag HBs

La recherche des anticorps anti-VHC a été réalisée par l'automate AxSym VHC V 2.0 (Abbott laboratoires de Diagnostic, Allemagne). C'est un dosage immunoenzymatique microparticulaire pour la détermination qualitative des Ac dirigés contre le VHC. Les échantillons positifs en Ac anti-VHC sont retestés sur un 2ème prélèvement par le réactif Ag/Ac Murex (Murex, Allemagne). La détection sérique qualitative de l'Ag de surface du virus de l'hépatite B (Ag HBs) a été réalisée par l'automate AxSym Ag HBs (Abbott laboratoires de Diagnostic, Allemagne). C'est un dosage immunoenzymatique microparticulaire de troisième génération.

B. Dosage des transaminases

Les transaminases sont des enzymes ayant une activité métabolique importante à l'intérieur des cellules hépatiques. Leur rôle est de transférer un groupe amine lors des nombreux processus chimiques qui se déroulent au niveau hépatique. Leur augmentation reflète une lésion cellulaire, en particulier au niveau hépatique, cardiaque, rénal ou musculaire. Les transaminases sont de deux types :

- Aspartate amino transférase (ASAT) ou Transaminases Glutamo Oxaloacétique (GOT)
- Alanine amino transférase (ALAT) ou Transaminases Glutamo pyruvate (GPT)

Les activités des ALAT et ASAT ont été mesurées par un automate de chimie sèche Vitros 250 (Orthoclinical Diagnostics), en utilisant le kit fabricant.

C. Quantification de l'ARN viral

La quantification de l'ARN viral du VHC a été effectuée par le test COBAS AmpliPrep/COBAS TaqMan_technique d'amplification des acides nucléiques *in vitro* pour quantifier l'ARN du VHC dans le plasma humain. La limite de seuil de détection est de 15 UI/ml.

D. Extraction de l'ARN viral

Les ARN sont plus difficiles à étudier que les ADN du fait qu'ils sont très vulnérables vis-à-vis des ribonucléases (ARNase). L'ARN a été extrait en utilisant la trousse « QIAamp viral RNA Mini kit » (Qiagen, Valencia, CA, Etats-Unis), selon les instructions du fabricant. Le principe de cette trousse consiste en la fixation de l'ARN viral à la membrane de silice des mini-colonnes QIAamp et l'élimination de toutes les protéines et débris membranaires, inhibiteurs de PCR, tels que les cations et les protéines bivalentes par lavage. L'extraction de l'ARN viral est effectuée à partir de 140µl de plasma auxquels nous avons ajouté 560µl du tampon de lyse AVL/ARN puis l'éthanol (96%) pour la précipitation. Le lysat obtenu a ensuite été placé dans la colonne de silice. Deux lavages successifs ont été effectués par les tampons AW1 et AW2. L'ARN fixé sur la colonne de silice a été élué dans 60µl de la solution d'élution dépourvue de l'ARNase (voir annexes). Les ARN ainsi obtenus ont été conservés à -80°C jusqu'à utilisation.

E. La rétrotranscription ou transcription inverse (RT-PCR)

1. Formation de l'ADNc

La rétrotranscription permet la synthèse d'un ADNc grâce à la reverse transcriptase qui est une enzyme à activité ADN polymérase ARN dépendante. Cette enzyme est capable d'utiliser un brin d'ARN comme matrice pour catalyser la synthèse du brin d'ADNc en utilisant une amorce oligo-nucléotidique. La rétrotranscription de l'ARN ainsi extrait a été réalisée grâce à un kit commercial (Moloney Murine Leukemia Virus Reverse Transcriptase (M-MLV RT), Invitrogen). La réaction exige entre 1ng à 5µg d'ARN total, soit environ 10µl de l'éluat auxquels ont été ajoutés 0,5µl de random amorces, 1µl de désoxyribonucléotides (dNTP) à une concentration finale de 10mM et 1µl d'eau ultra pure. Ce mix était alors incubé 5min à 65°C puis trompé immédiatement dans la glace pendant 5 minutes, on a ajouté alors 7µl d'une solution composée de 1µl d'enzyme RNase Out Recombinant Ribonuclease Inhibitor, Invitrogen (40unités/µl), 2µl de dithiothreitol (DTT : 0,1M), 4µl de tampon saline 5x et 1µl d'enzyme M-MLV RT (200unités/µl). Le tube a été ensuite incubé 50 min à 37°C puis 15 min à 70°C afin de permettre l'étape de rétrotranscription proprement dite. A ce stade, le génome viral se trouve sous la forme d'ADNc simple brin qu'il est aisé d'amplifier selon les techniques habituelles. L'étape suivante a consisté à effectuer l'amplification des régions 5'NC, capside et NS5B par la réalisation de deux PCR successives grâce à un kit commercial Taq DNA Polymerase (Invitrogen). Le détail de PCR est présent dans l'annexe.

2. Réaction de polymérisation en chaîne (PCR)

Cette technique décrite depuis 1985 (Saiki et al., 1985), améliorée en 1988 (Saiki et al., 1988) permet l'amplification *in vitro* d'un fragment d'ADN de manière exponentielle grâce à l'utilisation de l'ADN polymérase thermostable isolée de *Thermus aquaticus* (Chien et al., 1976). Elle nécessite l'utilisation de deux amorces oligo-désoxyribonucléotidiques, flanquant la séquence à amplifier et capables de s'hybrider de part et d'autre de la séquence à amplifier, l'une avec le brin sens et l'autre avec le brin anti-sens. La taille des oligonucléotides utilisés comme amorces est généralement comprise entre 18 et 30 bases. La température utilisée pour l'hybridation des amorces sur la matrice d'ADN est égale à la température de dissociation (Td) des brins complémentaires diminuée de 5°C. La Td est la température à laquelle 50% des molécules d'ADN sont dénaturées par rupture des liaisons hydrogène entre les brins. Pour les oligonucléotides inférieurs à 20 bases, une approximation de la Td peut-être obtenue par la formule suivante :

$$Td\ (°C) = 2\ (\text{nombre de bases A et T}) + 4\ (\text{nombre de bases G et C})$$

Pour les oligonucléotides supérieurs à 20 bases, une approximation de la température de dissociation peut-être obtenue par la formule suivante :

$$Td\ (°C) = [2\ (\text{nombre de bases A et T}) + 4\ (\text{nombre de bases G et C})]*[1 + ((\text{nombre de bases})-20)/20)]$$

Les températures de dénaturation et de polymérisation sont fixes, seule la température d'hybridation devra être calculée pour chaque couple d'amorces.

La réaction de PCR dite « classique » se déroule en trois étapes :

- Dénaturation initiale, l'ADN à amplifier est dénaturé par chauffage à 94°C pendant 2-5 minutes.
- Amplification de l'ADN, l'ADN est amplifié pendant plusieurs cycles comportant une dénaturation de l'ADN par chauffage à 90-95°C, une étape d'hybridation des amorces sur l'un et l'autre des brins matrice à une

température proche de leur température de fusion, suivie d'une élongation à 72°C dont la durée dépend de la taille du fragment à amplifier.

-Elongation finale, la synthèse des brins d'ADN incomplet est achevée par l'action de la Taq polymérase à 72°C pendant 5-10 minutes.

La région 5'NC du VHC a été amplifiée (Li et al., 1995) en utilisant les deux amorces NC3 et NC4 (Tableau 1). Les conditions de la PCR sont : dénaturation initiale à 94°C pendant 2 minutes, puis 40 cycles de 30 secondes de dénaturation à 94°C, 45 secondes d'hybridation des amorces à 55°C et 30 secondes d'élongation à 72°C. Enfin, une élongation finale des amplifias à 72°C pendant 7 minutes.

Pour amplifier la région de capside (Utama et al., 2010), nous avons utilisé les deux amorces 5'UTR1 et Core-R1 (Tableau 1). Les conditions de la PCR sont : dénaturation initiale à 94°C pendant 5 minutes, puis 45 cycles d'une minute de dénaturation à 95°C, 30 secondes d'hybridation des amorces à 45°C et une minute d'élongation à 72°C. Enfin, une élongation finale des amplifias à 72°C pendant 7 minutes. Nous avons amplifié la région NS5B (Noppornpanth et al., 2006) en utilisant les amorces Pr3 et Pr4 (Tableau 1). Les conditions de la PCR sont dénaturation initiale à 94°C pendant 5 minutes, puis 5 cycles de 30 secondes de dénaturation à 94°C, 45 secondes d'hybridation des amorces à 64°C et une minute d'élongation à 72°C, 30 cycles sont réalisés avec une décroissance de 0,5 degrés de la température d'hybridation à chaque cycle, puis 5 cycles sont réalisés avec une température d'hybridation des amorces à 48°C. Enfin, une élongation finale des amplifias à 72°C pendant 10 minutes.

Chaque réaction est accompagnée par un témoin négatif de l'extraction (Eau distillée stérile au lieu du sérum), un témoin de non-contamination du mélange réactionnel (mix) et un témoin positif. Les tubes sont ensuite placés sur un thermocycleur "GeneAmp PCR system 2700" (Applied Biosystems).

3. PCR nichée (Nested PCR)

La Nested PCR correspond à une seconde PCR réalisée en utilisant de nouvelles amorces situées à l'intérieur du fragment délimité par les amorces de la première PCR. Ceci permet d'augmenter et confirmer la spécificité du premier produit d'amplification et de mieux cibler le fragment à amplifier. Le principe et les paramètres de cette PCR sont pareils à la première PCR, avec la particularité d'utilisation d'amorces internes aux premières par rapport à la cible. Les amorces utilisées pour la Nested PCR sont : 5'UTR2 et Core R2 (Utama et al., 2010) pour la capside, et Pr1 et Pr2 pour la région NS5B (Noppornpanth et al., 2006) (Tableau 1). La taille attendue du produit d'amplification pour la capside et NS5B est 410 et 380 paires de base (pb) respectivement.

Les conditions de réaction utilisées pour la capside sont les suivantes : dénaturation initiale à 94°C pendant 5 minutes, puis 35 cycles d'une minute de dénaturation à 95°C, 30 secondes d'hybridation des amorces à 45°C et une minute d'élongation à 72°C. Enfin, une élongation finale des amplifias à 72°C pendant 7 minutes. Les conditions de réaction utilisées pour la région NS5B sont les suivantes : dénaturation initiale à 95°C pendant 7 minutes, puis 50 cycles de 30 secondes de dénaturation à 95°C, 30 secondes d'hybridation des amorces à 63°C et 30 secondes d'élongation à 72°C. Enfin, une élongation finale des amplifias à 72°C pendant 10 minutes.

4. Semi-nested PCR

La Semi-nested PCR correspond à une seconde PCR réalisée en utilisant une nouvelle amorce située à l'intérieur du domaine défini par les amorces de la première PCR. Cette technique permet, d'accroître la sensibilité de détection de la séquence d'ADN recherchée et de vérifier la spécificité de la première amplification.

On amplifie par Semi-nested PCR un fragment de 240 pb, à partir du produit de la première amplification de la région 5'NC en utilisant les amorces NC4 et NC8 (Li et al., 1995) (Tableau 1). Le programme d'amplification comprend une dénaturation initiale à 94°C pendant 5 minutes, puis 35 cycles de dénaturation à 94°C pendant 30 secondes, l'hybridation à 55°C pendant 45 secondes, et l'élongation à 72°C pendant 30 secondes. Enfin, une élongation finale des amplifias à 72°C pendant 7 minutes. Pour visualiser et contrôler la qualité des produits de PCR, les produits d'amplification sont soumis à une électrophorèse sur gel d'agarose à 2%.

Tableau 1 : Détails des amorces du VHC de chaque région virale

Région virale	PCR	Amorces	Séquence des amorces
5'NC	Première	NC3s	CCTGTGAGGAACTACTGACTTCACGCA
		NC4r	ACTCGCAAGCACCCTATCAGGCAGTAC
	Deuxième	NC8s	AAGCGTCTAGCCATGGCGTTAGTAT
		NC4r	ACTCGCAAGCACCCTATCAGGCAGTAC
Capside	Première	5'-UTR1s	CCCTGTGAGGAACTWCTGTCTTCACGC
		Core-R1r	AAGATAGARAARGAGCAACC
	Deuxième	5'-UTR2s	TCTAGCCATGGCGTTAGTAYGAGTGT
		Core-R2r	ATGTACCCCATGAGGTCGGC
NS5B	Première	Pr3s	TATGAYACCCGCTGYTTTGACTC
		Pr4r	GCNGARTAYCTVGTCATAGCCTC
	Deuxième	Pr1s	TGGGGATCCCGTATGATACCCGCTTTGA
		Pr2r	GGCGGAATTCCTGGTCATAGCCTCCGTGAA

F. Contrôle des produits de PCR par électrophorèse sur gel d'agarose

L'électrophorèse est une technique très utilisée en biologie moléculaire. Elle permet de séparer des molécules chargées de nature et de taille très différentes telles que des protéines, des peptides, des acides aminés, des acides nucléiques ou encore des nucléotides. Cette technique est basée sur le principe de la mise en mouvement différentiel. En milieu basique, les fragments d'ADN sont chargés négativement dus aux groupements phosphates. Ces fragments placés dans un champ électrique, vont donc se déplacer vers l'anode, mais leurs charges respectives étant à peu prés équivalentes, c'est leur masse moléculaire qui va régler leur vitesse de déplacement à travers les mailles tridimensionnelles du gel dans lequel ils ont été placés. Plus les fragments sont petits, plus ils vont migrer rapidement et donc loin de leur point de départ. Plus les molécules à étudier sont petites, plus on choisira une concentration en agarose élevée.

L'utilisation d'un marqueur de taille, déposé sur le même gel, permet également d'estimer la taille d'un fragment d'ADN et sa concentration. La migration d'un échantillon se fait en fonction de sa taille, la concentration d'agarose du gel, le voltage appliqué, le temps de migration ainsi que la force ionique. La visualisation des fragments est faite par coloration au Bromure d'éthidium (BET) qui est un agent intercalant fluorescent par illumination en lumière ultraviolet (UV, 260-360).

L'ADN n'est pas visible à l'œil nu. Pour cela, avant de le déposer sur le gel, il est mélangé avec un tampon de charge constitué de :

- Glycérol qui permet d'augmenter la densité de la solution d'ADN à déposer dans le gel, afin de pouvoir l'entraîner facilement vers le fond du puit. Cela permet d'éviter la remontée de l'échantillon à la surface du tampon et donc la contamination des autres puits du gel.
- Marqueurs de mobilité (Bleu de Bromophénol et Xyléne-Cyanol) qui permettent de suivre la migration.

Les produits d'amplification ont été photographiés après trans-illumination sous UV par «Gel doc System » (Biorad).

G. Séquençage d'un fragment d'ADN

1. Principe de séquençage

Le séquençage de l'ADN consiste à déterminer l'ordre d'enchaînement des nucléotides d'un fragment d'ADN donné. Actuellement, la plupart des séquençages d'ADN sont réalisés par la méthode de Sanger (Sanger et al., 1977). Cette technique, développée il y a 20 ans, est basée sur l'utilisation d'analogues dNTP qui, incorporés dans une chaîne d'ADN en cours de la réplication, provoquent un arrêt de l'élongation de cette chaîne car ils sont dépourvus du radical hydroxyle sur le carbone 3' sur le squelette osidique (3'H au lieu de 3'OH).

Le principe ressemble à une amplification avec une seule amorce, l'amplification est donc linéaire. L'étape de dénaturation à 96°C sépare les deux brins d'ADN qu'on voudrait séquencer. Pendant l'étape de l'hybridation, l'amorce se lie à sa région complémentaire sur l'ADN simple brin et servira comme point de départ pour la synthèse du brin complémentaire par la séquinase. Cette enzyme commence par incorporer des dNTP dans une molécule d'ADN grandissante jusqu'au moment où l'incorporation d'un didésoxyribonucléotides (ddNTP) entraîne l'arrêt de la synthèse.

L'incorporation d'un ddNTP étant aléatoire, chaque base de l'ADN matrice aura statistiquement vu un certain nombre de fois l'incorporation d'un ddNTP, si bien que le milieu réactionnel contient l'ensemble des molécules néosynthétisées possibles. Lors de la prochaine étape de dénaturation, les brins d'ADN néosynthétisés sont séparés de la molécule d'ADN matrice et un nouveau cycle de synthèse peut commencer. Il en résulte une solution qui contient des fragments d'une longueur variable, marqués avec un colorant fluorescent.

Ces molécules vont migrer dans un gel d'électrophorèse (Polymère) afin d'être séparées selon leur taille. On peut ainsi reconstituer la séquence en analysant la nature du fluorochrome terminant chacun de ces fragments néosynthétisés, du plus petit (premier nucléotide de la matrice) au plus grand (dernier nucléotide de la matrice).

Cette analyse est réalisée à l'aide d'un séquenceur automatique : cet appareil est pourvu d'une source laser ou infrarouge qui excite les fluorochromes portés par les ddNTP après que les fragments aient migré sur le gel. Cette excitation provoque une émission de lumière à une longueur d'onde dépendant de la nature du fluorochrome. Les signaux lumineux émis enregistrés sont ensuite traités avec des logiciels spéciaux (Phred et Phrap) pour les traduire en séquence nucléotidique.

2. Protocole de séquençage

Avant de procéder au séquençage, les produits de PCR ont été d'abord purifiés. La purification de ces produits de PCR a pour but de séparer la séquence amplifiée désirée des autres acides nucléiques (amorces non utilisées, amplification de séquences non désirées par manque de spécificité des amorces ou suite à des conditions de réactions peu stringentes), ainsi que des sels et autres composants du milieu réactionnel.

La purification des amplifias d'ADNc à séquencer a été faite à l'aide de l'Exonucléase I et Shrimp phosphatase alcaline (SAP) (Amersham, GE. Healthcare) pour éliminer les amorces et les nucléotides libres (voir annexe).

La réaction de séquençage a été réalisée sur les deux brins de chaque échantillon (sens 5'-3' et anti-sens 3'-5') avec les amorces internes utilisées pour la Nested PCR et Semi nested PCR, (ce qui nous a permis de confirmer les séquences et de lever les incertitudes), en utilisant la technique de terminaison des chaînes à l'aide des ddNTP fluorescents «ABI Prism™ Big Dye Terminator cycle sequencing v3.1» (Applied Biosystems, Foster city, CA).

Les produits purifiés ont été mis en présence d'un milieu réactionnel contenant : l'ADN à séquencer (100-200ng), les quatre dNTP (dA, dT, dC et dG), les 4 ddNTP (ddA, ddT, ddC et ddG) marqués chacun par un fluorochrome distinct, le tampon BigDye, une séquinase et des amorces à 3,2 pmole. Comme dans une réaction de PCR, ce mélange a été soumis à une succession de cycles. Chaque cycle de séquençage est composé de trois étapes (dénaturation, hybridation de l'amorce et élongation) (voir annexe).

Après la réaction de séquence, les produits ont été soumis à une deuxième purification par précipitation avec l'éthanol et l'EDTA (125mM) afin d'éliminer les réactifs non incorporés lors de la réaction de séquence et qui peuvent interférer dans l'électrophorèse (voir annexe).

Les produits précipités ont ensuite été resuspendus dans du formamide (volume de 20µl), puis déposés pour migration sur un séquenceur automatique «ABI Prism 3130 Genetic Analyser, Applied Biosystems». L'analyse des séquences obtenues sous forme des électrophérogrammes a été effectuée par le logiciel SeqScape v.2.5 qui permet l'analyse et la correction des séquences obtenues et leur visualisation sous forme de succession de bases. Les séquences de deux brins, sens et anti-sens (pour les régions amplifiées), ont été alignées et comparées avec la séquence référence AF009606 (Kuiken et al., 2006).

H. Génotypage, sous-typage et analyse phylogénétique

1. Génotypage, sous-typage

L'identification des génotypes et de sous-types ont été effectuées par la soumission de nos séquences obtenues des trois régions étudiées (5'NC, capside et NS5B), à un programme d'analyse de séquences fournies grâce à l'outil de sous-typage viral fourni par le site du NCBI (http://www.ncbi.nlm.nih.gov/projects/genotyping/formpage.cgi). Ces outils, qui combinent l'analyse phylogénétique et les méthodes de « bootscanning », nous permettent de comparer nos séquences à des séquences de référence présentes dans les bases de données utilisant un Blast.

2. Analyse phylogénétique

Pour plus de confirmation, une analyse phylogénétique additionnelle a également été performée, en utilisant les séquences obtenues des régions étudiées pour générer des arbres phylogénétiques. La phylogénie moléculaire est la discipline ayant pour objectif la reconstruction de l'histoire évolutive des espèces par comparaison des séquences de leurs gènes ou de leurs protéines. Elle consiste à déterminer l'arbre phylogénétique d'un ensemble de séquences homologues données, c'est à dire la configuration la plus probable pour rendre compte du degré de parenté existant entre ces séquences. Cela correspond à la phylogénie par comparaison de gènes.

a. Définition d'un arbre phylogénétique

Un arbre phylogénétique est une représentation graphique de la phylogenèse d'un groupe des taxa. Les nœuds externes représentent les unités taxonomiques-OTU (Operational Taxonomic Unit) et les branches définissent les relations entre les taxa en terme de la descendance. Les nœuds internes représentent des ancêtres hypothétiques. Un arbre enraciné spécifie où se situe l'ancêtre commun des taxa, considéré comme la racine de l'arbre. Un arbre non enraciné est une représentation intemporelle des relations phylogénétiques.

b. Alignement des séquences

C'est une opération qui consiste à disposer les unes en dessous des autres des portions de séquences similaires en minimisant leurs différences. Les séquences d'ADN se composent des caractères discontinus qui peuvent avoir 5 états différents : soit une adénine, soit une guanine, soit une cytosine, soit une thymine soit une insertion ou une délétion. Les sites qui ont les mêmes états dans chaque séquence s'appellent des sites conservés. Un changement d'état dans un site s'appelle une substitution. Dans notre étude, avant la reconstruction d'arbres phylogénétiques, chaque séquence (des régions 5'NC, capside et NS5B) des patients étudiés a été impérativement vérifié, corrigé et publié sur les bases de données EMBL/GenBank/DDBJ sous les numéros d'accession : HQ699733-HQ699777 (pour NS5B), JN055400-JN055432 (pour la capside) et HQ833218-HQ833286 (pour 5'NC). Les séquences de référence sont obtenues à partir de la base de données de NCBI (http://www.ncbi.nlm.nih.gov/nuccore/). En effet, les séquences obtenues ont ensuite été alignées avec des séquences de référence sélectionnées en utilisant le programme d'alignement multiple ClustalX (v.1.81) (Thompson et al., 1997) qui cherche un alignement optimal sur la longueur de la séquence (comparaison par paire).

c. Méthodes de reconstruction phylogénétique

Il existe deux grands types de méthodes qui permettent la reconstruction de l'arbre phylogénétique :

- Méthodes des distances : ces méthodes sont basées sur les mesures de distances entre séquences prises deux à deux, c'est-à-dire le nombre de substitutions de nucléotides ou d'acides aminés entre ces deux séquences. Deux étapes d'analyse des séquences peuvent être réalisées :
  - Calcul des distances : la distance génétique entre 2 séquences est égal au nombre de substitutions qui se sont produites sur les 2 lignées évolutives depuis l'ancêtre commun/nombre de sites. Dans ce travail, nous avons calculé les distances génétiques entre les paires de séquences nucléotidiques en utilisant le modèle de Kimura 2.
  - Construction d'arbre phylogénétique de distances : Plusieurs méthodes ont été développées pour construire un arbre phylogénétique à partir d'une matrice de distance.

- ➢ Unweight Pair Group Method with Arithmetic mean (UPGMA) : Cette méthode est utilisée pour reconstruire des arbres phylogénétiques si les séquences ne sont pas trop divergentes. UPGMA utilise un algorithme de clusterisation séquentiel dans lequel les relations sont identifiées dans l'ordre de leur similarité et la reconstruction de l'arbre se fait pas à pas grâce à cet ordre.
- ➢ Neighbor-Joining (NJ) : Cette méthode tente de corriger la méthode UPGMA afin d'autoriser un taux de mutation différent sur les branches (Saitou and Nei, 1987). Les données initiales permettent de construire une matrice qui donne un arbre en étoile. Cette matrice de distance est ensuite corrigée, selon les modèles de correction de Kimura (Kimura, 1980) ou de Jin-Ney's (Jin and Nei, 1990), afin de prendre en compte la divergence moyenne de chacune des séquences avec les autres. L'arbre est alors reconstruit en reliant les séquences les plus proches dans cette nouvelle matrice.

- <u>Méthodes de caractères :</u> ces méthodes sont basées sur les caractères qui s'intéressent au nombre de mutations (substitutions/insertions/délétions) affectant chacun des sites (positions) de la séquence. Les méthodes utilisées sont :
  - ▪ La parcimonie : La parcimonie consiste à minimiser le nombre de 'pas' (mutations/substitutions) nécessaires pour passer d'une séquence à une autre dans une topologie de l'arbre.
  - ▪ Méthodes probabilistes :
  - ➢ Le maximum de vraisemblance ou Maximum likelihood (ML) : Cette méthode utilise un modèle mathématique du processus d'évolution des séquences pour définir la probabilité qu'une

phylogénie puisse produire les séquences observées et cherche ensuite la phylogénie pour laquelle cette probabilité est maximale. Pour utiliser cette méthode, il faut donc choisir un modèle d'évolution, d'estimer ses paramètres, et de calculer la vraisemblance d'un arbre pour ce modèle. La méthode de maximum de vraisemblance est actuellement la méthode de référence en reconstruction phylogénétique. Cette méthode statistique devient coûteuse en temps de calcul lorsque le nombre de séquences est élevé et offre des garanties théoriques solides et reconstruit des phylogénies fiables. Dans cette étude, la construction de l'arbre phylogénétique a été réalisée grâce au programme Molecular Evolutionary Genetics Analysis (MEGA) version 5.0 (Tamura et al., 2011). Nous avons employé la méthode qui repose sur les caractères à savoir maximum likelihood en utilisant le modèle GTR (General Time Reversible) où les 4 bases ont des fréquences différentes avec 6 types de substitutions (AC, AT, AG, CT, CG, TG). La distribution gamma est utilisée pour corriger les variations de substitutions entre les différents sites avec une certaine fraction de sites est invariable (Modèle GTR+G+I). Après l'obtention d'un arbre, il faut évaluer statistiquement sa robustesse. Le « bootstrap », méthode, décrite par (Efron et al., 1996), est la plus utilisée en phylogénie. Pour chaque échantillon, une nouvelle base de données de même taille que la base de données originale est obtenue par tirage aléatoire avec remise, et est soumise à une analyse phylogénétique. Un grand nombre d'échantillonnage est effectué et le résultat du test du « bootstrap » est présenté sous la forme d'un arbre consensus majoritaire des arbres obtenus pour tous les échantillons. Pour chaque nœud de l'arbre original, on dénombre les nouveaux arbres, qui contiennent ce même branchement et permettant d'établir les valeurs de « bootstrap ». Par exemple, une valeur de 90 indique une confiance de 90% dans l'existence du branchement considéré. Les valeurs de « bootstrap » ont été de 500 réplicas.

- Inférence bayésienne : Cette analyse bayésienne, basée sur le calcul des probabilités postérieures (théorème de Bayes), nécessite de fixer des paramètres d'évolution moléculaire *a priori*, tels que le modèle d'horloge moléculaire et le modèle d'évolution démographique des populations virales. La combinaison des différents modèles possibles a donc été testée au préalable, de façon à sélectionner le modèle d'évolution le plus approprié aux données (c'est-à-dire aux séquences soumises à l'analyse). Dans notre étude, les dates de recrutement des patients ont permis de calibrer de façon fiable l'échelle de temps et un taux d'évolution des séquences a pu être estimé pour la région étudiée NS5B pour estimer la date de l'ancêtre commun le plus récent des souches 1b et 2i majoritaires au Maroc. L'histoire démographique du VHC a été étudiée par l'analyse bayésienne (Bayesian Monte Carlo Markov Chain "MCMC") en utilisant le logiciel BEAST 1.4 (http://.beast.bio.ed.ac.uk) (Njouom et al., 2009). Nous avons utilisé une distribution normale avec une moyenne de $5{,}0 \times 10^{-4}$ et un écart type de $7{,}14 \times 10^{-5}$. Cette distribution représente le modèle d'évolution le plus adapté. Les résultats trouvés par le logiciel BEAST ont été analysés par TRACER 1.3 (http://tree.bio.ed.ac.uk/software/tracer/).

I. Analyse statistique

Pour l'analyse statistique, le logiciel Statistical Package for Social Sciences program (SPSS for Windows, Chicago) a été utilisé. La moyenne, la médiane, l'écart-type et les valeurs minimum et maximum ont été déterminés. La comparaison des moyennes de distances génétiques des 2 régions étudiées (NS5B et Capside) a été réalisée par le test-t de Student. La recherche de l'existence d'une association entre le sous-type 1b et le stade de la maladie des patients est basée sur le test de Chi-carré. Le Chi-carré est un indice exprimant l'ensemble des écarts existants entre les effectifs observés et les effectifs calculés, le degré de signification représente la probabilité *P* pour que l'écart global soit attribué aux seules fluctuations dues au hasard. Dans le cadre de cette étude exploratrice, où les associations devront être validées, la valeur $P<0,05$ après correction de Yates est considérée comme étant significative. Par ailleurs, en ce qui concerne l'analyse statistique des variables quantitatives, nous avons procédé au test de Mann Whiteney U. Nous avons appliqué un test de proportions afin d'exprimer le risque de développement du CHC associé au sous-type 1b [Odds ratio (OR) avec intervalle de confiance à 95% (IC 95%)]. Ces tests sont plus souvent utilisés pour démontrer une association à partir d'un seuil de signification ($P=0,05$).

Chapitre III :

Résultats et Discussion

I. Résultats

Ce travail a été réalisé au Laboratoire des Hépatites Virales à l'Institut Pasteur du Maroc en collaboration avec le Service de Médecine B CHU Ibn Rochd-Casablanca. Les échantillons étaient collectés entre Juillet 2003 et Juillet 2010.

A. Patients

Cette étude prospective a porté sur 185 patients positifs en Ac anti-VHC, négatifs en AgHBs et en Ac anti-VIH. L'amplification de la région 5'NC, hautement conservée et la plus utilisée dans le diagnostic moléculaire d'une infection par le VHC, a montré que 174 patients (94%) sont virémiques (ARN VHC positif) alors que 6% des sujets ont éliminé spontanément ce virus. Les principales caractéristiques démographiques et biologiques de ces patients sont décrites dans le tableau 2. Ce groupe de patients est composé de 78 hommes (45%) et 96 femmes (55%) (Sexe ratio (H/F) est de 0,81) âgés de 39 à 90 ans avec une moyenne d'âge de 64 ans. Les moyennes des transaminases (ALAT et ASAT) étaient de 76 ± 52 et 75 ± 55 UI/L respectivement. La charge virale varie de 131 à 10200000 UI/ml avec une médiane de 877000. Sur les 174 patients présentant une virémie détectable, deux autres régions, la capside et NS5B, ont été amplifiées avec succès chez 152 (87,4%) et 141 (81,0%) des patients respectivement.

Tableau 2 : Caractéristiques démographiques et biologiques des patients étudiés.

Données cliniques	VHC ARN+ (n=174)
Moyenne âge ± ES	64 ±10
Genre	
Homme	78 (45%)
Femme	96 (55%)
Moyenne ALAT ± ES (UI/L)*	76 ±52
Moyenne ASAT ± ES (UI/L)**	75 ±55
Moyenne GGT ± ES (UI/L)***	90 ±71
Médiane de la charge virale (UI/ml)	877000

*ALAT (valeurs normales : 7-56 UI/L)
**ASAT (valeurs normales : 5-35 UI/L)
***Gamma Glutamyl Transpeptidase, GGT (valeurs normales : 8-78 UI/L)

B. Variabilité génétique des souches VHC

1. Amplification des trois régions étudiées

Après amplification de l'ARN viral des échantillons étudiés, les produits de la deuxième PCR des trois régions étudiées 5'NC (240pb), Capside (410pb) et NS5B (380pb) ont été contrôlés et visualisés sur gel d'agarose 2%. Les fragments d'ADN sont visualisés sous forme de bandes (Figures 13). Parmi les 174 patients virémiques (région 5'NC), on a pu amplifier 152 patients en se basant sur la région de la capside (87,4%) et 141 patients en se basant sur la région NS5B (81%). Les produits d'amplification des trois régions du génome viral ont été ensuite séquencés.

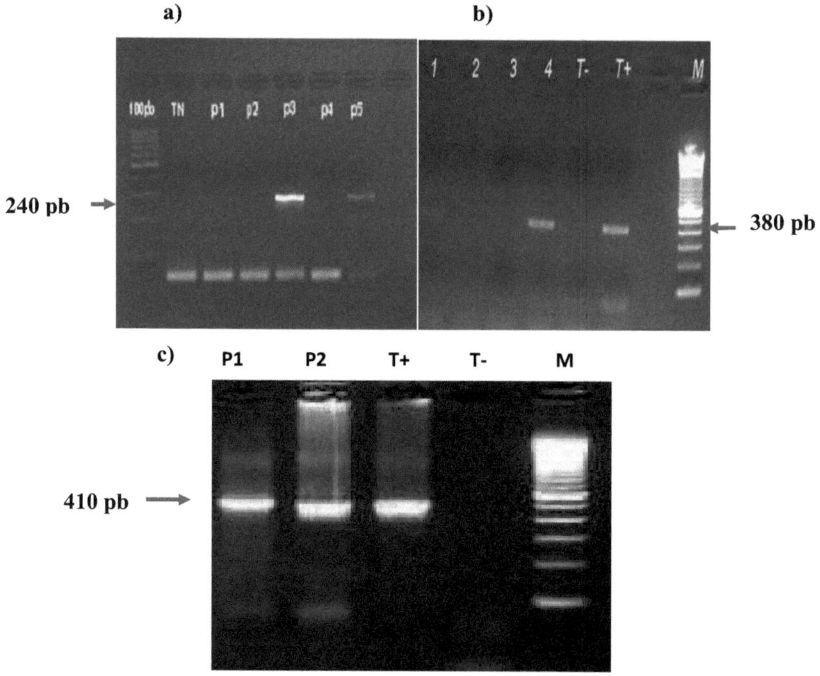

Figure 13 : Analyse par électrophorèse sur gel d'agarose des produits de la PCR de différentes régions étudiées (**a** : 5'NC, **b** : NS5B, **c** : capside).

M, 100 pb : Marqueur de taille (100 paires de base)

TN, T- : Témoin négatif

T+ : Témoin positif

p1-p5, 1-4 : patients

2. Résultats du séquençage

Après amplification, nous avons séquencé les 3 régions étudiées, les résultats obtenus sont recueillis directement par un système informatique lié au séquenceur automatique qui traduit les signaux lasers en une séquence de bases nucléotidiques. Les séquences sont présentées sous forme d'électrophérogrammes contenant plusieurs pics correspondant aux quatre bases nucléotidiques : Adénine (A), Cytosine (C), Guanine (G) et Thymine (T) (Figure14).

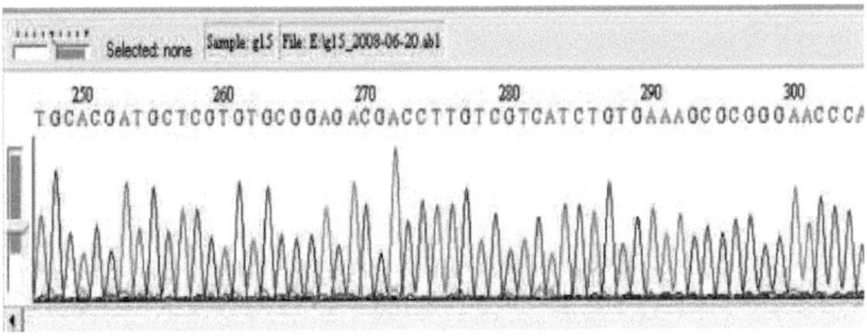

Figure 14 : Exemple d'un électrophérogramme

La lecture des séquences a été faite à partir du brin sens (5'-3') et brin anti-sens (3'-5') pour plus de certitudes et pour mieux corriger les doutes de certaines bases de la séquence. La lecture, l'analyse et la correction des séquences obtenues ont été réalisées à l'aide du logiciel SeqScape v.5.2, en alignant et comparant nos séquences avec la séquence de référence AF009606 afin de garantir une assignation correcte des bases (Kuiken and Simmonds, 2009).

a. Génotypage des régions étudiées

Les résultats du séquençage de la région 5'NC ont montré la présence de trois génotypes : 1, 2 et 4. Sur 174 patients virémiques, 122 (70,1%) présentaient le génotype 1, 49 (28,2%) le génotype 2 et 2 (1,1%) le génotype 4. Chez un seul patient (0,6%) le génotype était non classé.

L'analyse des séquences au niveau de la région de la capside a révélé que sur 152 patients, 113 (74,3%) présentaient le sous-type 1b, 30 patients (19,7%)

présentaient le sous-type 2i, 4 patients (2,6%) présentaient le sous-type 2k et 2 patients (1,3%) présentaient le sous-type 4a. Les sous-types 1a et 2a ont été trouvés chez un seul patient (0,7%). Le sous-type était non classé chez un seul patient (0,7%).

En se basant sur la région NS5B, l'analyse a montré que 75,2% (106/141) des séquences appartenaient au sous-type 1b, 27 (19,1%) au sous-type 2i et 4 (2,8%) au sous-type 2k. Les sous-types 1a, 2a et 4a ont été trouvés chez un seul patient (0,7%). Le sous-type était non classé chez un seul patient (0,7%). A l'exception de deux patients, aucune discordance entre les génotypes ou les sous-types n'a été relevée entre les trois régions. rapportés dans le Tableau 3 et Figure 15.

Tableau 3 : Distribution des génotypes VHC chez la population marocaine étudiée

Génotype	5'NC (n=174)	Capside (n=152)	NS5B (n=141)
1	122 (70,1%)		
1a		1 (0,7%)	1 (0,7%)
1b		113 (74,3%)	106 (75,2%)
2	49 (28,2%)		
2a		1 (0,7%)	1 (0,7%)
2i		30 (19,7%)	27 (19,1%)
2k		4 (2,6%)	4 (2,8%)
4a	2 (1,1%)	2 (1,3%)	1 (0,7%)
Non classé	1 (0,6%)	1 (0,7%)	1 (0,7%)

a) Région 5'NC

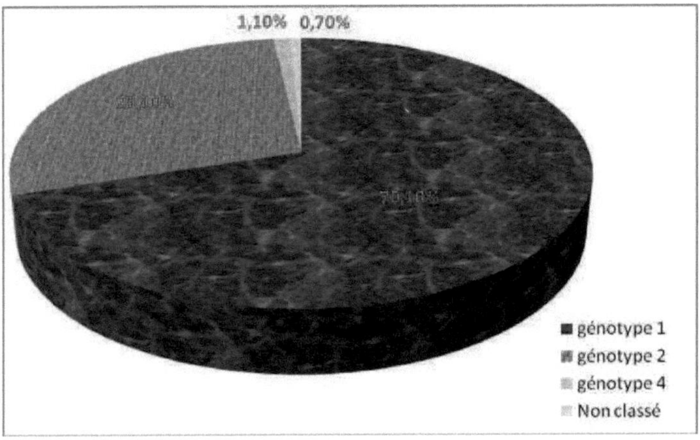

b) Région de la capside

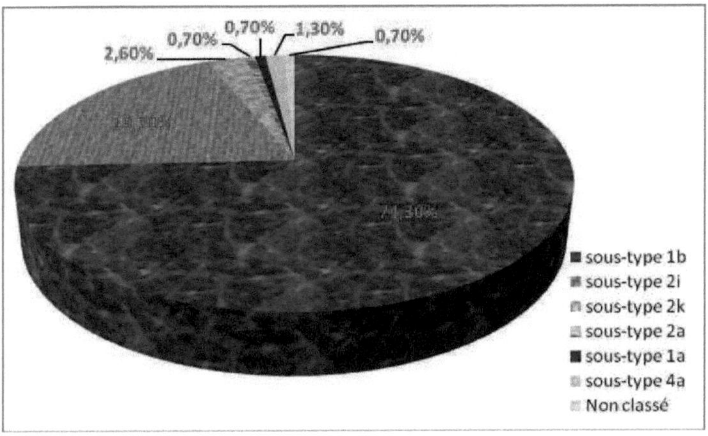

c) Région NS5B

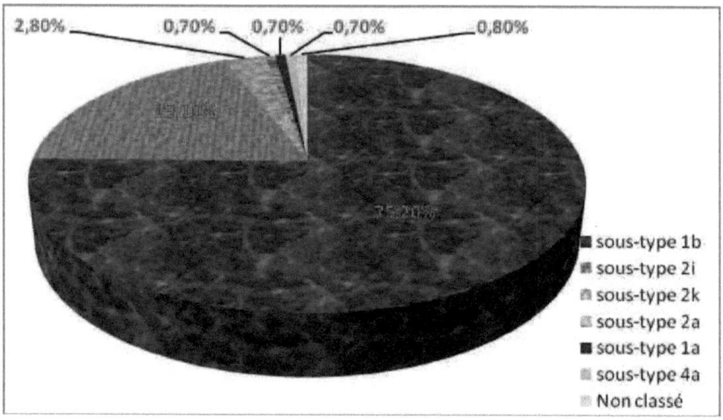

Figure 15 : Pourcentage des génotypes et de sous-types identifiés dans les séquences des régions étudiées

b. Mutations identifiées dans la région de la capside

L'analyse des séquences d'acides aminés de la capside (position 51-100) a montré la présence de trois mutations par substitution d'un AA (au niveau des résidus 70, 75 et 91) avec des fréquences élevées chez les patients de sous-type 1b (Figure 16). Dans la position 70, on a constaté un changement de l'arginine (Arg) par une glutamine (Gln) chez 19,6% des patients. En outre, dans la position 91, on a trouvé une mutation par substitution de leucine (Leu) par une méthionine (Met) dans 20,5% des cas (Figure 16). Des mutations au niveau des résidus 70 et/ou 91 ont été détectées chez 27,7% des patients infectés par le VHC de sous-type 1b. Au niveau de la position 75, on a constaté un changement de la thréonine par l'alanine (Ala) ou par la sérine (Ser) dans 38,4% et 35,7% des patients de sous-type 1b, respectivement. Par contre, On n'a pas détecté de mutation par substitution de Gln70 ni de Met91 chez les patients de sous-types 2i, 2k et 4a. Cependant, on note un changement de la thréonine (Thr) par la sérine (Ser) chez tous les patients avec des sous-types 2i, 2k et 4a à la position 75.

```
                ....|....| ....|....| ....|....| ....|....| ....|....|
                        60         70         80         90        100
Consensus       KTSERSQPRG RRQPIPKARR PEGRTWAQPG YPWPLYGNEG LGWAGWLLSP
HCV-J           ---------- ---------- ---------- ---------- M---------
MOR1            ---------- ---------Q ----A----- ---------- ----------
MOR2            ---------- ---------Q ----A----- ---------- ----------
MOR3            ---------- ---------Q ----A----- ---------- ----------
MOR4            ---------- ---------Q ----A----- ---------- M---------
MOR5            ---------- ---------Q ----A----- ---------- M---------
MOR6            ---------- ---------- S---S--A-- ---------- M---------
MOR7            ---------- ---------Q ---------- ---------- M---------
MOR8            ---------- ---------Q ----A----- ---------- M---------
MOR9            ---------- ---------Q ---------- ---------- M---------
MOR10           ---------- ---------- ---------- ---------- M---------
MOR11           ---------- ---------- ---------- ---------- M---------
MOR12           ---------- ---------- ----S----- ---------- M---------
MOR13           ---------- ---------- ----S----- ---------- M---------
MOR14           ---------- ---------Q ----A----- ---------- M---------
MOR15           ---------- ---------Q ----A----- ---------- M---------
MOR16           ---------- ---------Q ---------- ---------- ----------
MOR17           ---------- ---------Q ---------- ---------- ----------
MOR18           ---------- ---------Q R--------- ---------- M---------
MOR19           ---------- ---------Q ---------- ---------- M---------
MOR20           ---------- ---------Q ----A----- ---------- M---------
MOR21           ---------- ---------Q ----A----- ---------- M---------
MOR22           ---------- ---------- ----S----- ---------- M---------
MOR23           ---------- ---------Q ----A----- ---------- ----------
MOR24           ---------- ---------- ---------- ---------- M---------
MOR25           ---------- ---------Q L---A----- ---------- M---------
MOR26           ---------- ---------- ----S----- ---------- M---------
MOR27           ---------- ---------- ----A----- ---------- M---------
MOR28           ---------- ---------Q ----A----- ---------- ----------
MOR29           ---------- ---------Q ----A----- ---------- M---------
MOR30           ---------- ---------Q ---------- ---------- ----------
MOR31           ---------- ---------Q ---------- ---------- M---------
```

Figure 16 : Séquences des acides aminés (51-100) de la région de la capside.

Les tirets indiquent les AA identiques à la séquence du consensus et les mutations sont indiquées par une seule lettre du code de l'AA. Les motifs d'AA à des positions qui sont associées à une sensibilité au traitement sont présentés en rouge et en gras. Toutes les souches appartiennent au sous-type 1b.

3. Résultats de l'analyse phylogénétique

a. Arbres phylogénétiques de la région NS5B et de la capside

L'analyse phylogénétique permet d'établir des liens de parenté entre les séquences. Ces liens sont représentés par des arbres phylogénétiques où sont regroupés sur des branches des séquences nucléotidiques en utilisant la méthode de Maximum likelihood (logiciel MEGA5). Les arbres phylogénétiques ont été générés à partir de séquences des 2 régions étudiées (capside et NS5B) en les alignant avec des séquences de référence répertoriées dans la base de données NCBI. Seules les branches avec un fort pourcentage « bootstrap » au delà de 70% sont considérées robustes (Figures 17, 18).

Entre 2003 et 2010, les souches du VHC ont été caractérisées par des analyses phylogénétiques réalisées sur 380 nucléotides de la région NS5B afin de déterminer le sous-type. Un fragment de 410 pb, situé dans la région de la capside, a également été séquencé pour 152 souches. Six sous-types différents ont été identifiés : 1b, 1a, 2i, 2k, 2a et 4a. Les sous-types les plus représentés étaient le sous-type 1b (75%) et 2i (19%).

Les figures 17 et 18 illustrent bien que les 2 sous-types majoritaires (1b, 2i) au sein de notre population marocaine sont plus proches de ceux identifiés en Europe et en Afrique du nord. Par contre, la souche marocaine de génotype 4a et la souche égyptienne sont très similaires et les séquences de génotype 1a et 2k sont proches de celles retrouvées en Amérique et en Asie respectivement. Les analyses phylogénétiques réalisées sur les régions NS5B et capside étaient concordantes, montrant que la région de la capside discriminait aussi bien les sous-types que la région NS5B. Les distances génétiques dans la région NS5B (0,2112±0,0021 substitutions par site) étaient plus élevées que dans la région de la capside (0,0585±0,0007 substitutions par site), montrant une plus grande variabilité génétique de la région NS5B par rapport à la région de la capside.

Une discordance des génotypes a été observée chez deux patients (1,1%) parmi la population étudiée (résultat reproductible suite à un 2ème test). Ces deux souches ont été classées de sous-type 2i au niveau de la région codant pour la capside. Cependant, l'analyse de la région NS5B a montré que ces deux souches sont de sous-type 1b ; Ce qui suggère une possible recombinaison. Ces deux possibles recombinants ont été isolés chez deux patients de sexe masculin, le premier patient âgé de 60 ans ayant un CHC avec une charge virale de 711380UI/ml et le deuxième patient âgé de 62 ans ayant une hépatite C chronique modérée (HC) avec une charge virale de 2710000UI/ml. En plus, une variante a été identifiée comme génotype 2, sans sous-type en se basant sur les deux régions de la capside et NS5B (JN055424 et HQ699735, respectivement). Cette souche a été isolée d'une femme âgée de 54 ans ayant une HC.

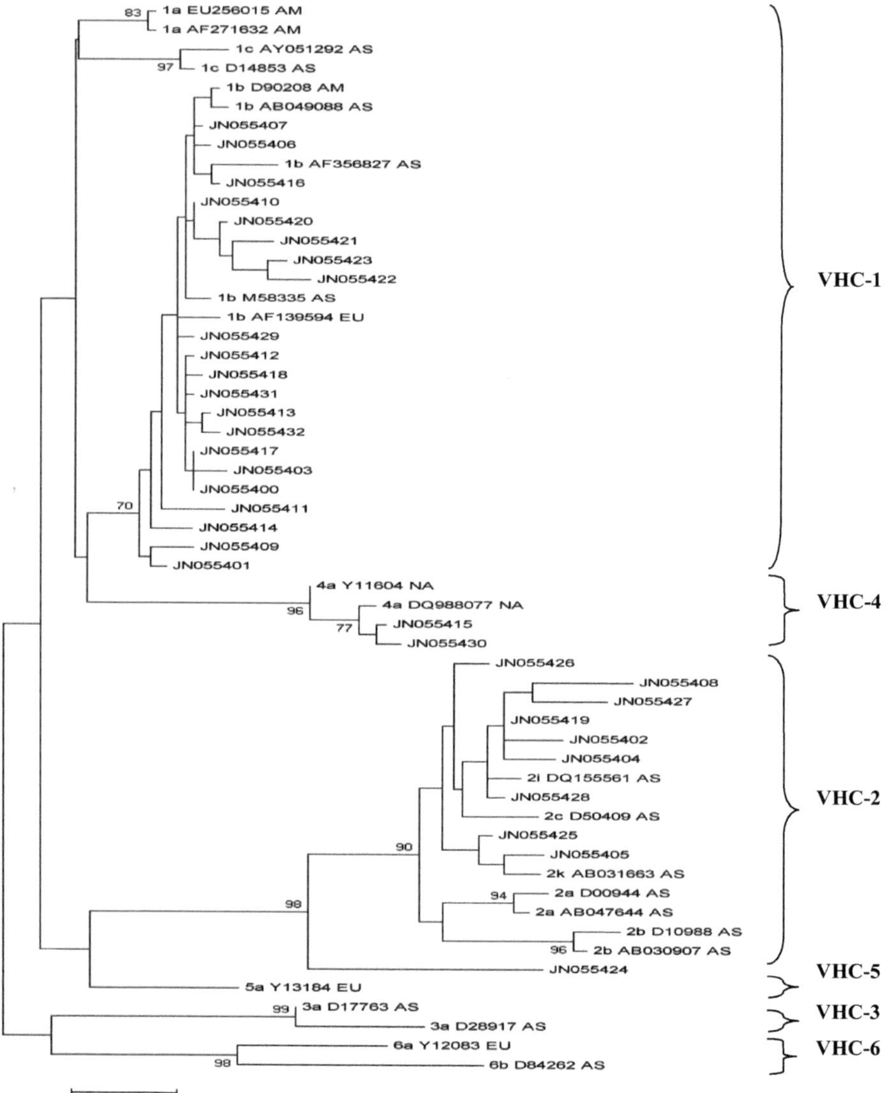

Figure17 : Arbre phylogénétique basé sur la région codant la capside en utilisant la méthode de maximum de vraisemblance avec le logiciel MEGA 5.0. (EU=Europe, NA=Afrique du Nord, AM=Amérique du nord, AS=Asie). Les numéros d'accession sont indiqués sur l'arbre.

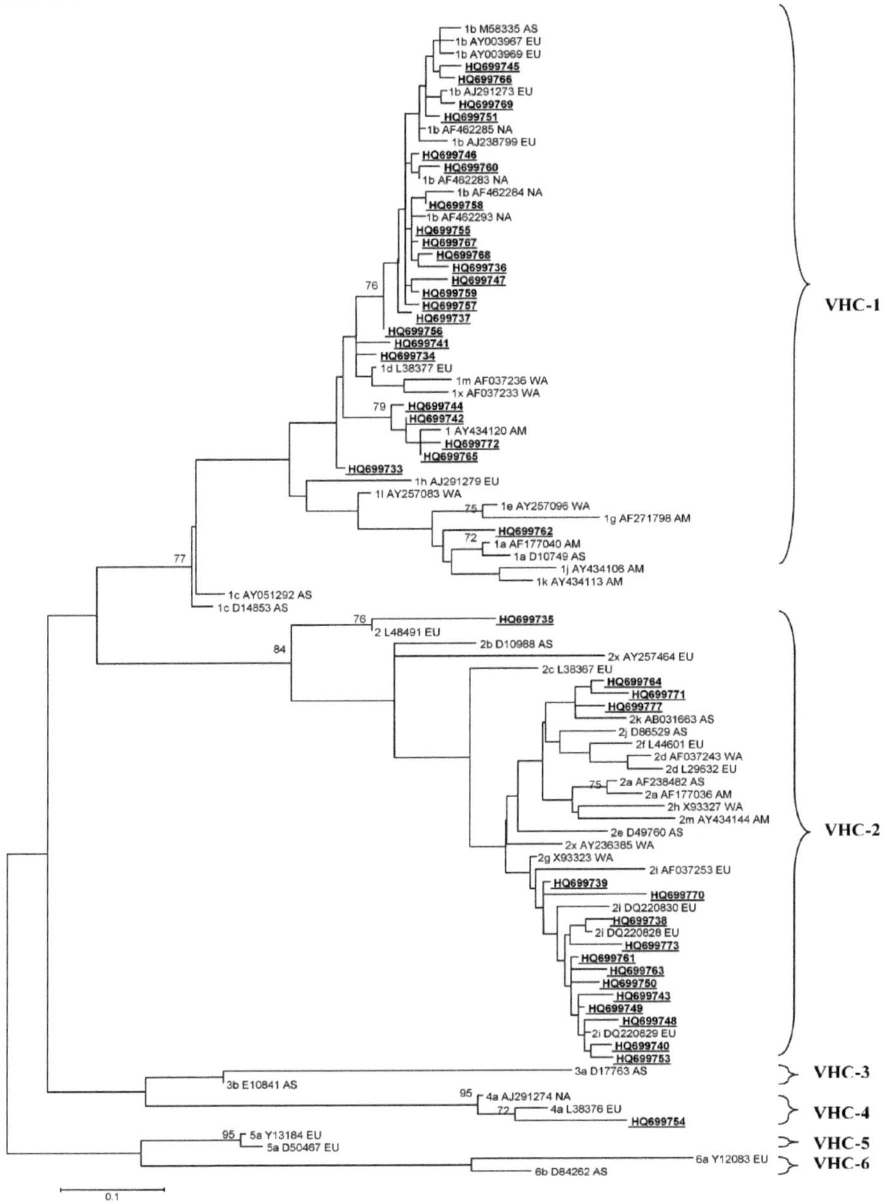

Figure 18 : Arbre phylogénétique basé sur la région NS5B en utilisant la méthode de maximum de vraisemblance avec le logiciel MEGA 5.0. (EU=Europe, NA=Afrique du Nord, WA=Afrique de l'ouest, AM=Amérique du nord, AS=Asie). Les numéros d'accession sont indiqués sur l'arbre.

b. Inférence bayésienne

Dans notre étude, une approche bayésienne a été utilisée pour estimer l'histoire de l'infection par le VHC et la date de l'ancêtre commun le plus récent des souches marocaines. Pour cela, nous avons étudié les deux sous-types majoritaires au Maroc (1b et 2i) séparément, incorporant la date de prélèvement des patients et les séquences de la région NS5B codant la polymérase virale. Les résultats de l'analyse bayésienne ont permis d'estimer les dates d'introduction du sous-type 2i au Maroc au 19ème siècle (MRCA : 1854 [IC, 1785–1912]), et du sous-type 1b au début du 20 ^{ème} siècle (MRCA : 1910 [IC, 1863–1943]) (Figure 19).

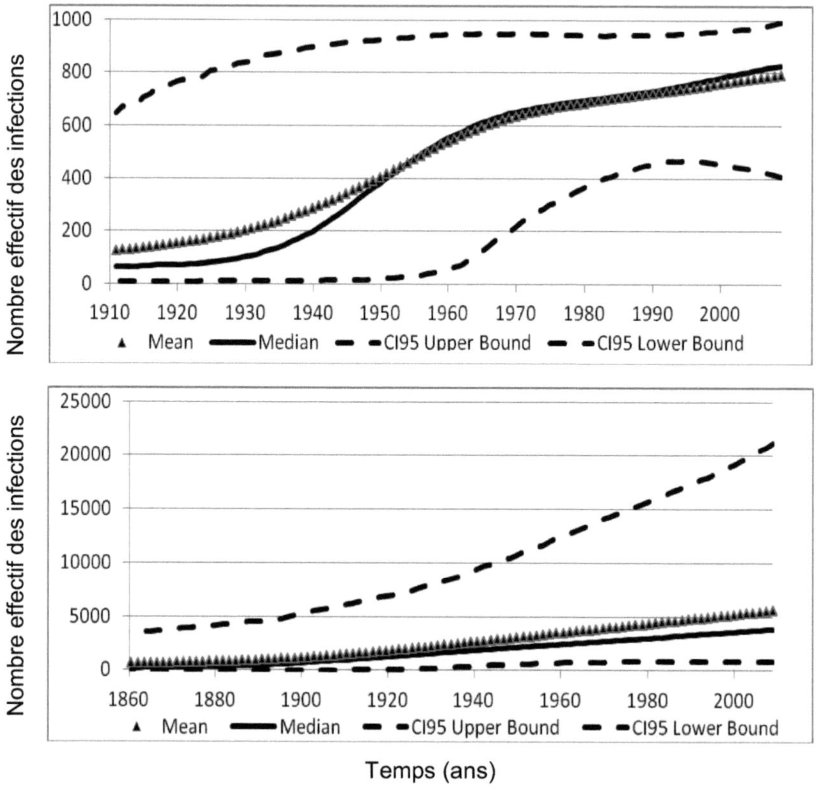

Figure 19 : Analyse bayésienne des souches VHC-1b (en haut) et VHC-2i (en bas)

4. Implications cliniques

a. Distribution des génotypes en fonction de l'âge et du sexe

Dans ce présent travail, l'étude de la distribution des génotypes en fonction de l'âge ne montre pas de différence significative entre le génotype 1 (64±9ans) et le génotype non-1 (63±10 ans), (*P*=0,841). La distribution des génotypes en fonction du sexe n'a montré aucune différence entre le sexe masculin et féminin (*P*>0,05) (tableau 4).

Tableau 4 : Distribution des génotypes en fonction de l'âge et du sexe chez la population étudiée

	Génotype 1	Génotype non 1	Valeur de P
Nombre (%)	122 (70,1)	52 (29,9)	
Genre (%)			
Mâle	59 (48)	19 (37)	0,813
Femelle	63 (52)	33 (63)	0,578
Age			
Moyenne d'âge (ES)	63,57 ± 9,25	63,17 ± 9,52	0,841

b. Caractéristiques démographiques et biologiques en fonction du stade de la maladie

En se basant sur la région NS5B et de la capside, la moyenne d'âge chez les patients étudiés était significativement plus élevée dans le groupe CHC que dans le groupe HC (*P*=0,0001). Le sexe ratio (H/F) est de 0,54 dans le groupe HC et est de 1,56 dans le groupe CHC. On note une différence significative entre le sexe et la sévérité de la maladie (*P*=0,002) avec une prédominance des hommes dans le groupe CHC. Le taux de l'ASAT était significativement élevé dans le groupe de CHC (*P*<0,05), cependant on ne note pas de différence significative entre l'ALAT et le stade de la maladie (*P*>0,05). La charge virale est significativement élevée chez les HC par rapport au CHC (1,6 10^6 vs 0,7 10^6, *P*<0,05). En ce qui concerne la distribution sous-génotypique du VHC, en se basant sur la région

NS5B, il a été constaté que dans le groupe de HC la prévalence du sous-type a été comme suit : 1b (67,5%) > 2i (23,4%) > 2k (5,2%) > 2a=4a (1,3%), et aucun patient ne présentait le sous-type 1a. D'autre part, dans le groupe CHC, la distribution sous-génotypique VHC était comme suit : 1b (84,4%) > 2i (14,1%) > 1a (1,6%), et aucun des sous-types 2a, 2k et 4a n'a été détecté.

En se basant sur la région de la capside, il a été montré que dans le groupe de HC la prévalence du sous-type a été comme suit : 1b (66,3%) > 2i (24,1%) > 2k (4,8%) > 4a (2,4%)> 2a (1,2%), et aucun n'était de sous-type 1a. D'autre part, dans le groupe CHC, la distribution de sous-type VHC était : 1b (84,1%) > 2i (14,5%) > 1a (1,4%), aucun patient n'était de sous-types 2a, 2k et 4a. La distribution du sous-type 1b en fonction du stade de la maladie a montré une augmentation significative avec la sévérité de la maladie (HC vs CHC) ($p<0,05$) (tableau 5, Figure 20).

Tableau 5 : Caractéristiques des patients étudiés en fonction du stade de la maladie en se basant sur la région NS5B et de la capside

	NS5B			**Capside**		
	HC (n = 77)	CHC (n = 64)	P	HC (n = 83)	CHC (n = 69)	P
Moyenne âge ES	58±7	69±8	0,0001	59±7	70±9	0,0001
Genre (%)			0,002			0,001
Mâle	27 (35)	39 (61)		29 (35)	42 (61)	
Femelle	50 (65)	25 (39)		54 (65)	27 (39)	
Moyenne ALAT (IU/L)	69 ±36	87 ±56	0,356	68 ±35	77 ±46	0,509
Moyenne ASAT (IU/L)	63 ±40	89 ±54	0,033	63 ±38	80 ±37	0,045
Médiane CV (UI/ml)	1600000	776690	0,018	1440000	711380	0,013
Sous-type (%)						
Sous-type 1a	0 (0,0)	1 (1,6)	0,454	0 (0,0)	1 (1,4)	0,464
Sous-type 1b	52 (67,5)	54 (84,4)	0,031	55 (66,3)	58 (84,1)	0,026
Sous-type 2a	1 (1,3)	0 (0,0)	0,546	1 (1,2)	0 (0,0)	0,536
Sous-type 2i	18 (23,4)	9 (14,1)	0,127	20 (24,1)	10 (14,5)	0,081
Sous-type 2k	4 (5,2)	0 (0,0)	0,126	4 (4,8)	0 (0,0)	0,367
Sous-type 4a	1 (1,3)	0 (0,0)	0,546	2 (2,4)	0 (0,0)	0,286
Non classé	1 (1,3)	0 (0,0)	0,546	1 (1,2)	0 (0,0)	0,536

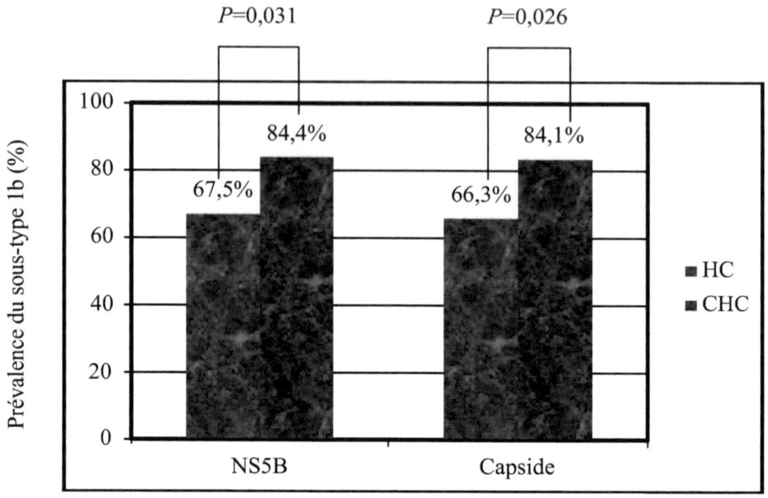

Stade de la maladie

Figure 20 : Distribution du sous-type 1b du VHC en fonction du stade de la maladie (région NS5B et de la capside)

Le risque relatif de développer un CHC chez les patients de sous-type 1b était de 2,6 (95% IC ; 1,15-5,85 et 1,24-5,8) en se basant sur la région NS5B et de la capside respectivement (tableau 6).

Tableau 6 : Distribution des génotypes en fonction du stade de la maladie

Génotype	HC (%)	CHC (%)	OR (IC 95%)
NS5B			
1b	52 (67,5)	54 (84,4)	2,6 (1,15-5,85)
Non 1b	25 (32,5)	10 (15,6)	0,39 (0,18-0,87)
Capside			
1b	55 (66,3)	58 (84,1)	2,68 (1,24-5,8)
Non 1b	28 (33,7)	11 (15,9)	0,37 (0,17-0,81)

Dans notre étude, l'analyse des séquences de la capside a montré que les mutations R70Q et L91M étaient plus fréquemment rencontrées chez les HC (16,4%) par rapport au CHC (8,8%) (tableau7), néanmoins, cette association entre la prévalence des mutations et la sévérité de la maladie n'est pas significativement différente (p=0,457).

Tableau 7 : Prévalence des mutations en fonction du stade de la maladie chez les patients infectés par le sous-type 1b en se basant sur la région de la capside

Mutations au niveau de la capside	HC (n =55)	CHC (n =57)
R70Q	16 (29,1%)	6 (10,5%)
L91M	16 (29,1%)	7 (12,3%)
R70Q et L91M	9 (16,4%)	5 (8,8%)

II.Articles

Article n°1

Arch Virol (2012) 157:515–520
DOI 10.1007/s00705-011-1193-7

BRIEF REPORT

Morocco underwent a drift of circulating hepatitis C virus subtypes in recent decades

Ikram Brahim · Abdelah Akil · El Mostafa Mtairag · Régis Pouillot · Abdelouhad El Malki · Salwa Nadir · Rhimou Alaoui · Richard Njouom · Pascal Pineau · Sayeh Ezzikouri · Soumaya Benjelloun

Received: 29 June 2011 / Accepted: 1 December 2011 / Published online: 11 December 2011

Abstract Hepatitis C virus (HCV) isolates circulating in Morocco are poorly documented. To determine the subgenotype distribution of HCV in chronically infected patients, serum samples from 185 anti-HCV-positive patients were analyzed. Determination of the HCV genotype and subtype was performed by sequencing the 5′UTR, NS5B and core regions. According to the NS5B phylogeny, the HCV strains primarily belonged to subtypes 1b (75.2%), 2i (19.1%) and 2k (2.8%). Using a Bayesian approach, the mean date of appearance of the most recent common ancestor was estimated to be 1910 for HCV-1b and 1854 for HCV-2i. Although it is currently the most frequent genotype in Morocco and the dominant form in hepatocellular carcinoma, it thus appears that HCV-1b was introduced into the population subsequently to HCV-2i.

Keywords Chronic hepatitis C · Genotype · Subtype 1b · Hepatocellular carcinoma · Morocco

I. Brahim · A. Akil · A. E. Malki · S. Ezzikouri · S. Benjelloun (✉)
Virology Unit, Viral Hepatitis Laboratory, Pasteur Institute of Morocco, 1, Place Louis Pasteur, 20360 Casablanca, Morocco
e-mail: soumaya.benjelloun@pasteur.ma

E. M. Mtairag
Laboratoire de Physiologie et Génétique Moléculaire, Département de Biologie, Faculté des Sciences Ain Chock, Université Hassan II, Casablanca, Morocco

R. Pouillot
Wyndale lane, Chevy Chase, USA

S. Nadir · R. Alaoui
Service de Médecine B, CHU Ibn Rochd, Casablanca, Morocco

R. Njouom
Service de Virologie, Centre Pasteur du Cameroun, Yaounde, Cameroon

P. Pineau
Unité Organisation Nucléaire et Oncogenèse, INSERM U993, Institut Pasteur, Paris, France

Hepatitis C virus (HCV) is a leading cause of chronic liver disease, with more than 170 million people chronically infected worldwide [1]. HCV evolves very rapidly, resulting in considerable genetic diversity, and virus strains are classified into six genotypes [2], each of them further divided into multiple subtypes with uneven distribution [2]. Genotype 1b is distributed worldwide, whereas genotype 2, originating from West Africa, is common in North America, Europe, and Japan [2]. An earlier study on HCV genotypes circulating in Morocco showed genotypes 1b and 2a/2c to be predominant [3]. The global pattern of genotype distribution has been shown to change as a result of novel transmission routes and human migration [4, 5]. Previous studies have suggested a possible role of the HCV genotype in chronic hepatitis (CH) outcome and, specifically in the case of HCV type 1, which is more frequently found in advanced liver disease, such as cirrhosis and hepatocellular carcinoma (HCC) [6]. In Morocco, no data are available about the phylogeny of circulating HCV strains and their relationship to liver disease severity. The primary aim of this study was to determine the present-day distribution of HCV subgenotypes in chronically infected Moroccan patients and to estimate the date of introduction of the most recent common ancestor (MRCA) of circulating subtypes to infer the history of the HCV epidemic. A secondary aim was to evaluate the propensity of the different HCV genotypes to be associated with primary liver cancer.

This study included 185 anti-HCV-positive patients (81 males and 104 females; mean age: 64 years; range: 31-90) at the Pasteur Institute of Morocco and University Hospital Centre, Casablanca, from July 2003 to July 2010. After giving informed consent, each participant was interviewed using a questionnaire exploring demographic features as well as potential risk factors. This study was approved by the Ethics Committee of the Faculty of Medicine in Casablanca, Morocco. All patients were tested for serological markers of hepatitis B surface antigen and anti-HCV using commercial assay kits (AxSYM, Abbott Laboratories, Wiesbaden-Delkenheim, Germany) according to the manufacturer's instructions. Liver function tests including alanine aminotransferase (ALT) and aspartate aminotransferase (AST) were done using commercially available autoanalyzers. Plasma HCV RNA was quantified by COBAS AmpliPrep/COBAS TaqMan, Roche Diagnostics, Germany, and the detection limit was 15 IU/ml.

HCV RNA was isolated using a QIAamp Viral Extraction Kit (QIAGEN, Valencia, CA, USA), and cDNA was synthesized using Moloney murine leukemia virus reverse transcriptase (M-MLV RT) (Invitrogen, France) according to the manufacturer's instructions. Hemi-nested PCR for the 5′UTR was used to determine HCV RNA positivity as described previously [7]. Core and NS5B regions were amplified by nested PCR using conditions described previously [8, 9]. The PCR product was purified using exonuclease I and shrimp alkaline phosphatase (GE Healthcare, USA) and bidirectionally sequenced with inner primers, using a BigDye Terminator Version 3.1 Cycle Sequencing Kit (Applied Biosystems, Foster City, CA, USA) and an ABI PRISM 3130 DNA automated sequencer (Applied Biosystems, Foster City, CA, USA). Sequencing data were analyzed using SeqScape v2.5 software (Applied Biosystems, Foster City, CA, USA). Genetic subtyping analysis was performed using the NCBI HCV subtyping tool (http://www.ncbi.nlm.nih.gov/projects/genotyping/formpage.cgi) by comparing the study sequences to a set of reference sequences using BLAST.

NS5B sequences were aligned with reference HCV sequences (Fig. 1) using CLUSTAL X v1.81 software program [10] and imported into MEGA version 5.0 software [11] to perform maximum-likelihood phylogenetic analysis using a GTR+I+G substitution model with eight categories and 500 replicates for bootstrap analysis. The Moroccan sequences reported in the current work are available in the EMBL/GenBank/DDBJ sequence databases under accession numbers HQ699733 to HQ699777 (for NS5B), JN055400 to JN055432 (for core), and HQ833218 to HQ833286 (for 5′UTR).

Statistical analysis was performed using the Statistical Package for Social Sciences program (SPSS for Windows, Rel. 15.0.1. 2006. Chicago: SPSS Inc.). Results were expressed as a mean, standard deviation or percentage. The chi-square and Mann-Whitney U-tests were used for data analysis. The relative risk (OR) and 95% confidence interval were calculated by univariate logistic regression analysis. All statistical tests were two-sided, and a p-value of less than 0.05 was used as the criterion for statistical significance. HCV demographic history was inferred using a Bayesian Monte Carlo Markov chain analysis as described elsewhere [12]. An informative normal distribution with a mean of 5.0×10^{-4} and a standard deviation of 7.14×10^{-5} was used as prior distribution.

One hundred eighty-five anti-HCV-positive (HBsAg-negative) patients were studied. HCV RNA of the 5′UTR was successfully amplified from 174 out of the 185 patients analyzed (94%). The mean virus load was significantly higher in CH than HCC ($1.6\ 10^6$ *vs* $0.7\ 10^6$, $p = 0.018$). Of the 174 patients with detectable viremia, the core and NS5B regions were amplified in 152 (87.4%) and 141 (81.0%) patients, respectively.

Analysis of the 5′UTR sequences of the 174 HCV RNA(+) patients showed that 122 were genotype 1 (70.1%), 49 were genotype 2 (28.2%), and only 2 were genotype 4a (1.1%). For HCV subgenotyping, two genes were studied (core and NS5B). Based on the core region, 113 of the 152 samples were classified as HCV subtype 1b (74.3%), followed by 30 subtype 2i (19.7%), 4 subtype 2k (2.6%), and 2 subtype 4a (1.3%). Subtypes 1a and 2a were each found in only one patient (0.7%). Figure 1 shows typical maximum-likelihood phylogenetic tree obtained by analysis of the NS5B region, with groups of sequences corresponding to viral subtypes being supported by high (>70%) bootstrap values. This analysis of 141 patients allowed the HCV strains in 106 samples (75.2%) to be assigned to subgenotype 1b, followed by 27 in subtype 2i (19.1%) and 4 in subtype 2k (2.8%). Subtypes 1a, 2a, and 4a were each found in a single patient (0.7%).

In two patients (1.1%), there was a discrepancy between the subtype assignments made using the NS5B and core regions, suggesting possible recombination. Both strains were classified as genotype 2 according to the 5′UTR region and subtype 2i based on the core region. However, analysis of the NS5B region identified these strains as subtype 1b. To avoid experimental errors, amplification and sequencing were repeated, yielding the same outcome. These putative recombinants were isolated from a 60-year-old male with HCC (viral load: 711,380 IU) and a 62-year-old male with CH (viral load: 2,710,000 IU). In addition, another variant was identified as genotype 2 without subtype assignment based on the core and the NS5B regions (JN055424 and HQ699735, respectively).

To investigate the origin and spread of HCV 1b and 2i subtypes in the Moroccan population, we estimated demographic parameters in the Bayesian coalescent framework. For

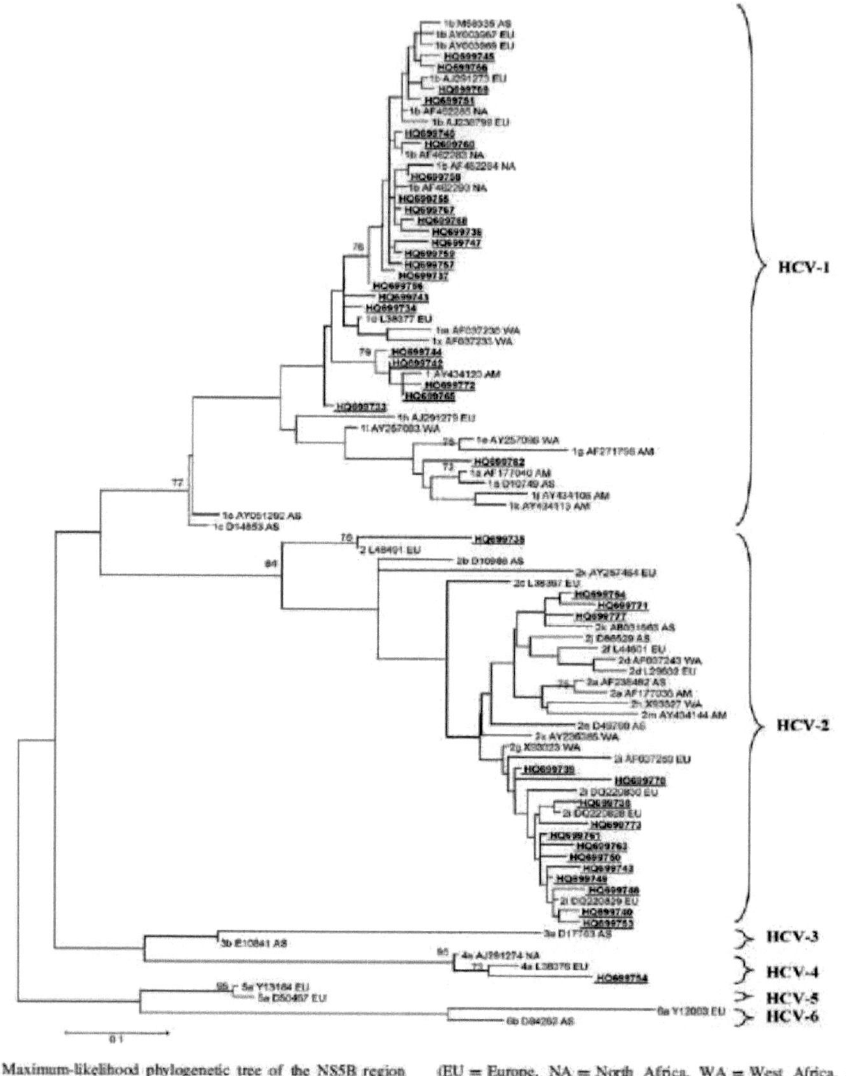

Fig. 1 Maximum-likelihood phylogenetic tree of the NS5B region constructed using MEGA version 5.0 using a GTR+I+G substitution model with eight categories and 500 replicates for bootstrap analysis. (EU = Europe, NA = North Africa, WA = West Africa, AM = North America, AS = Asia)

calculation of Bayesian skyline plots, each subtype was analyzed separately (Fig. 2). The inferred dates of the MRCA in the Moroccan population were 1910 (CI, 1863-1943) for HCV-1b, and 1854 (CI, 1785-1912) for HCV-2i (Fig. 2).

The mean age of patients was significantly higher in the HCC group than in the CH group (69 ± 8 vs 58 ± 7 years, $p = 0.0001$). The male/female ratio increased from the CH to the HCC group, with a predominance of males in this

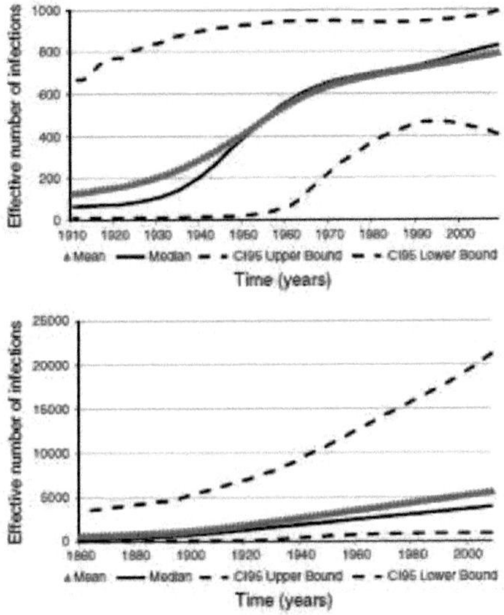

Fig. 2 Bayesian skyline plots estimated for strains of HCV-1b (top) and HCV-2i (bottom)

Table 1 Clinical data and HCV genotype prevalence in Moroccan patients of different clinical status based on the NS5B region

	CH[†] (n = 77)	HCC[‡] (n = 64)	P-value
Mean age ± SD, (range)	58 ± 7 (39–71)	69 ± 8 (50–80)	0.0001
Gender (%)			
Male	27 (35)	39 (61)	0.002
Female	50 (65)	25 (39)	
Mean ALT* (IU/L)	69 ± 36	87 ± 56	0.356
Mean AST** (IU/L)	63 ± 40	89 ± 54	0.033
Median viral load (IU/ml)	1600000	776690	0.018
Subtype (%)			
Subtype 1a	0 (0.0)	1 (1.6)	0.454
Subtype 1b	52 (67.5)	54 (84.4)	0.031
Subtype 2a	1 (1.3)	0 (0.0)	0.546
Subtype 2i	18 (23.4)	9 (14.1)	0.127
Subtype 2k	4 (5.2)	0 (0.0)	0.126
Subtype 4a	1 (1.3)	0 (0.0)	0.546
Unclassified	1 (1.3)	0 (0.0)	0.546

[†] CH: chronic hepatitis

[‡] HCC: hepatocellular carcinoma

* Alanine aminotransferase, normal values: 7-56 IU/L

** Aspartate aminotransferase, normal values: 5-35 IU/L

group ($p = 0.002$). There was a significant difference in viral load between the CH and HCC groups ($p = 0.018$). The prevalence of AST was significantly higher in the HCC group than in the CH group ($p = 0.033$). The genotype distribution was different in the HCC and CH groups. The subtype 1b prevalence was found to increase with the severity of liver disease (67.5% in CH and 84.4% in HCC; $p = 0.031$, Table 1). The relative risk for developing HCC in patients with subtype 1b was 2.6% (95% IC; 1.15-5.85) after adjustment for age, gender and other subtype of HCV.

Genotyping of HCV is routinely performed for two reasons. The first involves clinical decision making, i.e., to make recommendations and provide counselling regarding treatment. The second regards phylogeny and epidemiology, i.e., the monitoring of viral strain distribution and identification of common sources of transmission. For this latter purpose, accurate subtype determination is necessary. Our study investigates the genetic variability of HCV infection in Morocco, a country with an intermediate endemicity of HCV infection (1.1% of the general population) [13]. We set out to gather present-day data on the predominant genotypes in order to determine if genotype distribution has changed since the 1990s and to determine the MRCA of major circulating subtypes. Additional objectives were to determine whether there is any association of genotype with age, gender and severity of liver disease. In Morocco, the earliest study, performed in 1997, found that the predominant genotype was 1b (47.6%), followed by 2a/2c (37.1%) and 1a (2.8%). These determinations, however, were made using the line probe assay (Inno-LiPA) [3], which is not versatile enough to determine HCV subtypes accurately within genotypes 2 and 4 due to their high diversity [14]. In the present study, the choice of the NS5B region for phylogenetic analysis provided valuable reference information on the genetic heterogeneity within the prevalent subtypes [15]. Our findings confirm previous data showing that subtype 1b is the most common in Morocco (47.6%) [3]. However, it appears that its prevalence has increased massively since the first report ($p < 10^{-4}$).

Large-scale medical intervention is presumably responsible of the worldwide dissemination of subtype 1b [16]. Moroccan sequences from genotype 1b displayed the highest nucleotide identity to those of Maghrebian and European isolates [17–19]. Such resemblance is in keeping with the close links between Morocco and European countries, especially France, Spain and the Netherlands.

In the present report, HCV genotype 2 represents 22.6% of isolated strains, indicating a decline in comparison to data from the 1990s (37.1%, $p = 0.02$) [3]. Subtype 2i was the most prevalent in our study (19.1%). This situation is reminiscent of what is observed in southwestern France, where genotype 2i was found in patients of North African origin [19]. In contrast, to Egypt (91%) and the Middle Eastern states (38-48%) but similarly to what has been reported in Tunisia (1%), our results indicate a low circulation of genotype 4 in Morocco (1.1%) [17, 20]. The two Moroccan 4a isolates displayed a strong genetic similarity to Egyptian isolates.

A coalescent approach to population genetics was used to estimate the epidemic history of HCV-1b and HCV-2i strains. This method was used successfully to reconstruct the history of HCV infection before its identification in 1989 [12, 21]. Our findings suggest that HCV-2i appeared in Morocco during the 19th century (MRCA: 1854 [CI, 1785–1912]), whereas HCV-1b seems to have been introduced at the beginning of the 20th century (MRCA: 1910 [CI, 1863–1943]). Because the sequences were sampled over a short period of time, they contained insufficient information to co-estimate their evolutionary rate accurately. We note the absence of major phases of expansion, and a constant increase in efficient infections is still continuing at present.

A possible intergenotypic recombination event between the most frequent genotypes (1b, 2i) was suggested by the comparison of NS5B and core regions in two samples. Since recombination seems to be a rare event in HCV, further sequence analysis on the full-length genome is needed to prove that recombination events had occurred [22].

Previous reports showed that patients infected with genotypes 1b or 2 were older on average than patients infected with genotypes 1a or 3a [18]. In Morocco, the analysis of genotype distribution according to age indicates that patients infected with type 1 (64 ± 9 years) are not significantly different than patients infected with non-1 genotypes (63 ± 10 years; $p = 0.841$). When genotype distribution was analysed with regard to the stage of liver disease (CH versus HCC), it was found that subtype 1b prevalence increased with the severity of liver disease (67.5% in CH, and 84.4% in HCC) ($p = 0.031$). Several case-control and cohort studies on HCC and liver cirrhosis (LC) patients in Europe and Asia found a weak, albeit consistent, increase in the relative risk of severe liver disease with HCV subtype 1b [6, 23]. However, other studies did not confirm these findings [24, 25]. The association of HCV genotype and pathogenesis of liver disease, particularly HCC, is therefore still debatable and needs prospective cohort studies to obtain more conclusive data.

In conclusion, our findings underline again the strong epidemiological link between Morocco and Europe, especially for genotype 1b, the most frequent HCV genotype in Moroccan patients. The prevalence of this subtype increased with the severity of liver disease, as in HCC cases. Further investigations including full-length genome analysis are needed to determine whether a subset of molecular variants within HCV subtype 1b is endowed with a greater protumorigenic activity. In addition, we provide novel evidence coming from a hitherto poorly studied region suggesting that HCV subtype 1b itself is endowed with a stronger protumorigenic activity than other genotypes. It is plausible that conspicuous discrepancies noticed in the literature with regard to this issue merely reflect the presence or absence of confusion factors to be found among concomitant etiological agents (alcohol abuse, especially). Finally, a coalescent approach to population genetics has allowed it to be estimated that HCV-2i appeared during the 19th century, coming ahead of HCV-1b in the recent medical history of Morocco.

Acknowledgments The authors would like to acknowledge all patients for their participation in this study. We thank Dr. Flor H. Pujol for her help. This work was supported by Pasteur Institute of Morocco.

Conflict of interest No conflict of interest.

References

1. Organisation WH (1999) Hepatitis C global prevalence. Wkly Epidemiol Rec 74:425–427
2. Kuiken C, Simmonds P (2009) Nomenclature and numbering of the hepatitis C virus. Methods Mol Biol 510:33–53
3. Benani A, El-Turk J, Benjelloun S, Sekkat S, Nadifi S et al (1997) HCV genotypes in Morocco. J Med Virol 52:396–398
4. Zein NN (2000) Clinical significance of hepatitis C virus genotypes. Clin Microbiol Rev 13:223–235
5. Hoofnagle JH (2002) Course and outcome of hepatitis C. Hepatology 36:S21–S29
6. Silini E, Bottelli R, Asti M, Bruno S, Candusso ME et al (1996) Hepatitis C virus genotypes and risk of hepatocellular carcinoma in cirrhosis: a case–control study. Gastroenterology 111:199–205
7. Li JS, Tong SP, Vitvitski L, Trepo C (1995) Single-step nested polymerase chain reaction for detection of different genotypes of hepatitis C virus. J Med Virol 45:151–155
8. Utama A, Tania NP, Dhenni R, Gani RA, Hasan I et al (2010) Genotype diversity of hepatitis C virus (HCV) in HCV-associated liver disease patients in Indonesia. Liver Int 30:1152–1160
9. Noppornpanth S, Lien TX, Poovorawan Y, Smits SL, Osterhaus AD et al (2006) Identification of a naturally occurring recombinant genotype 2/6 hepatitis C virus. J Virol 80:7569–7577
10. Thompson JD, Gibson TJ, Plewniak F, Jeanmougin F, Higgins DG (1997) The CLUSTAL_X windows interface: flexible strategies for multiple sequence alignment aided by quality analysis tools. Nucleic Acids Res 25:4876–4882
11. Tamura K, Peterson D, Peterson N, Stecher G, Nei M et al (2011) MEGA5: molecular evolutionary genetics analysis using maximum likelihood, evolutionary distance, and maximum parsimony methods. Mol Biol Evol 28:2731–2739
12. Njouom R, Frost E, Deslandes S, Mamadou-Yaya F, Labbe AC et al (2009) Predominance of hepatitis C virus genotype 4 infection and rapid transmission between 1935 and 1965 in the Central African Republic. J Gen Virol 90:2452–2456

13. Benjelloun S, Bahbouhi B, Sekkat S, Bennani A, Hda N et al (1996) Anti-HCV seroprevalence and risk factors of hepatitis C virus infection in Moroccan population groups. Res Virol 147: 247–255
14. Simmonds P, Mellor J, Sakuldamrongpanich T, Nuchaprayoon C, Tanprasert S et al (1996) Evolutionary analysis of variants of hepatitis C virus found in South-East Asia: comparison with classifications based upon sequence similarity. J Gen Virol 77(Pt 12):3013–3024
15. Murphy DG, Willems B, Deschênes M, Hilzenrat N, Mousseau R et al (2007) Use of sequence analysis of the NS5B region for routine genotyping of hepatitis C virus with reference to C/E1 and 5′ untranslated region sequences. J Clin Microbiol 45: 1102–1112
16. Smith DB, Pathirana S, Davidson F, Lawlor E, Power J et al (1997) The origin of hepatitis C virus genotypes. J Gen Virol 78(Pt 2):321–328
17. Djebbi A, Mejri S, Thiers V, Triki H (2004) Phylogenetic analysis of hepatitis C virus isolates from Tunisian patients. Eur J Epidemiol 19:555–562
18. Cantaloube JF, Gallian P, Attoui H, Biagini P, De Micco P et al (2005) Genotype distribution and molecular epidemiology of hepatitis C virus in blood donors from southeast France. J Clin Microbiol 43:3624–3629
19. Thomas F, Nicot F, Sandres-Saune K, Dubois M, Legrand-Abravanel F et al (2007) Genetic diversity of HCV genotype 2 strains in south western France. J Med Virol 79:26–34
20. Ramia S, Eid-Fares J (2006) Distribution of hepatitis C virus genotypes in the Middle East. Int J Infect Dis 10:272–277
21. Verbeeck J, Maes P, Lemey P, Pybus OG, Wollants E et al (2006) Investigating the origin and spread of hepatitis C virus genotype 5a. J Virol 80:4220–4226
22. Legrand-Abravanel F, Claudinon J, Nicot F, Dubois M, Chapuy-Regaud S et al (2007) New natural intergenotypic (2/5) recombinant of hepatitis C virus. J Virol 81:4357–4362
23. Ikeda K, Kobayashi M, Someya T, Saitoh S, Tsubota A et al (2002) Influence of hepatitis C virus subtype on hepatocellular carcinogenesis: a multivariate analysis of a retrospective cohort of 593 patients with cirrhosis. Intervirology 45:71–78
24. Benvegnu L, Pontisso P, Cavalletto D, Noventa F, Chemello L et al (1997) Lack of correlation between hepatitis C virus genotypes and clinical course of hepatitis C virus-related cirrhosis. Hepatology 25:211–215
25. Takano S, Yokosuka O, Imazeki F, Tagawa M, Omata M (1995) Incidence of hepatocellular carcinoma in chronic hepatitis B and C: a prospective study of 251 patients. Hepatology 21:650–655

Infection, Genetics and Evolution 14 (2013) 102–104

Contents lists available at SciVerse ScienceDirect

Infection, Genetics and Evolution

journal homepage: www.elsevier.com/locate/meegid

Short communication

Amino acid substitutions in the Hepatitis C virus core region of genotype 1b in Moroccan patients

Ikram Brahim [a,b], Sayeh Ezzikouri [a], El Mostafa Mtairag [b], Rhimou Alaoui [c], Salwa Nadir [c], Pascal Pineau [d], Soumaya Benjelloun [a,*]

[a] Virology Unit, Viral Hepatitis Laboratory, Pasteur Institute of Morocco, Casablanca, Morocco
[b] Laboratoire de Physiologie et Génétique Moléculaire, Département de Biologie, Faculté des Sciences Ain Chock, Université Hassan II, Casablanca, Morocco
[c] Service de Médecine B, CHU Ibn Rochd, Casablanca, Morocco
[d] Unité Organisation Nucléaire et Oncogenèse, INSERM U993, Institut Pasteur, Paris, France

ARTICLE INFO

Article history:
Received 27 July 2012
Received in revised form 26 September 2012
Accepted 7 October 2012
Available online 10 November 2012

Keywords:
Hepatitis C Virus
genotype 1b
core region
mutation

ABSTRACT

The aim of the present study was to identify basic amino acid in the core region in subtype 1b-infected, treatment-naive patients from Morocco and to search for their eventual association with liver cancer. The survey included 151 patients (86 patients with chronic hepatitis and 65 patients with hepatocellular carcinoma, HCC). We performed direct sequencing, and compared the data obtained with the consensus sequence of core protein. Several recurrent amino acid substitutions were observed. The Arg70 was changed for a Gln in 22 of 112 patients (19.6%) and Leu91 was changed to Met in 23 of 112 patients (20.5%). Besides, the threonine at position 75 (Thr75) was mutated for alanine or serine in 43 (38.4%) and 40 (35.7%) of the patients, respectively. Overall, there was no significant difference between patients with chronic hepatitis and those with HCC regarding amino acids substitution number (24% vs. 33%, respectively, $P = 0.457$).

Our study provides the first inventory of predominant amino acid substitutions in the HCV core region genotype 1b. The impact of single or combined mutations on the resistance to treatment or on disease progression is still unknown and deserves more attention in the future.

Infection with hepatitis C virus (HCV) is often persistent and can progress to chronic hepatitis (CH), cirrhosis of the liver, and hepatocellular carcinoma (HCC) (WHO, 1999). The current standard of treatment for patients with chronic hepatitis C consists in pegylated interferon (Peg-IFN) in combination with ribavirin (RBV) for 24–48 weeks (Manns et al., 2001). Recently, two NS3 protease inhibitors, boceprevir and telaprevir have been introduced in the North American and European markets (Hezode et al., 2009; McHutchison et al., 2009). Virological response rates to Peg-IFN/RBV were shown to depend on host and viral factors such as age, weight, sex, race, liver enzymes, stage of fibrosis, HCV genotype, HCV RNA concentration at baseline and IL28B polymorphisms (Ge et al., 2009; Manns et al., 2001; Suppiah et al., 2009). Previous reports indicated that amino acid (aa) substitutions at position 70 and/or 91 in the HCV core region of patients infected with HCV-1b are pretreatment predictors of response to Peg-IFN/RBV combination therapy and triple therapy of telaprevir/Peg-IFN/RBV (Akuta et al., 2005, 2007a,b, 2010), and also affect hepatocarcinogenesis (Akuta et al., 2007a). The aim of the present study was to estimate the prevalence of amino acid substitutions in the HCV core region genotype 1b in treatment-naive patients from Morocco and an eventual association between amino acid substitutions and liver cancer. HCV core gene amplification was performed as described previously (Utama et al., 2010). The sequence of the core protein of genotype 1b was determined and analyzed with HCV-J as reference (accession no. D90208) (Kato et al., 1990). The sequence of 51–100 aa in the core protein of HCV-1b was determined and then compared with the consensus sequence constructed by the most likely core sequences in the general our HCV population to detect substitutions at residue 70 (Arg > Gln or Arg > His) and 91 (Leu > Met) (Akuta et al., 2005). The core region was amplified in 151 mono-infected naive consecutive patients (86 patients with CH and 65 patients with HCC), the mean age was 64 ± 10 years old, and the male/female ratio was 0.87. The median viral load was 11,73,726 IU/ml [28,400–94,00,000], and the means serum ALT and AST (IU/L) were 66 ± 36 and 64 ± 32, respectively. Of 151 samples, 112 samples were classified into HCV subtype 1b (74.2%) followed by subtype 2i (21.9%), subtype 2k (2.6%) and subtype 4a (1.3%). It was found that in the CH group, the mean age was 57 ± 7 years old, and the male/female ratio was 0.52. The median viral load was 15,25,000 IU/ml [28,400–94,00,000], and the means

* Corresponding author. Tel.: +212 5 22434470; fax: +212 5 22260957.
E-mail address: soumaya.benjelloun@pasteur.ma (S. Benjelloun).

1567-1348/$ - see front matter © 2012 Elsevier B.V. All rights reserved.
http://dx.doi.org/10.1016/j.meegid.2012.10.006

I. Brahim et al. / Infection, Genetics and Evolution 14 (2013) 102–104

```
                ....|....| ....|....| ....|....| ....|....| ....|....|
                        60         70         80         90        100
Consensus       KTSERSQPRG RRQPIPKARR PEGRTWAQPG YPWPLYGNEG LGWAGWLLSP
HCV-J           ---------- ---------- ---------- ---------- M---------
MOR1            ---------- ---------Q ----A----- ---------- ----------
MOR2            ---------- ---------Q ----A----- ---------- ----------
MOR3            ---------- ---------Q ----A----- ---------- ----------
MOR4            ---------- ---------Q ----A----- ---------- M---------
MOR5            ---------- ---------Q ----A----- ---------- M---------
MOR6            ---------- ---------- S---S--A-- ---------- M---------
MOR7            ---------- ---------Q ---------- ---------- M---------
MOR8            ---------- ---------Q ----A----- ---------- M---------
MOR9            ---------- ---------Q ---------- ---------- M---------
MOR10           ---------- ---------- ---------- ---------- M---------
MOR11           ---------- ---------- ---------- ---------- M---------
MOR12           ---------- ---------- ----S----- ---------- M---------
MOR13           ---------- ---------- ----S----- ---------- M---------
MOR14           ---------- ---------Q ----A----- ---------- M---------
MOR15           ---------- ---------Q ----A----- ---------- M---------
MOR16           ---------- ---------Q ---------- ---------- ----------
MOR17           ---------- ---------Q ---------- ---------- ----------
MOR18           ---------- ---------Q R--------- ---------- M---------
MOR19           ---------- ---------Q ---------- ---------- M---------
MOR20           ---------- ---------Q ----A----- ---------- M---------
MOR21           ---------- ---------Q ----A----- ---------- M---------
MOR22           ---------- ---------- ----S----- ---------- M---------
MOR23           ---------- ---------Q ----A----- ---------- ----------
MOR24           ---------- ---------- ---------- ---------- M---------
MOR25           ---------- ---------Q L---A----- ---------- M---------
MOR26           ---------- ---------- ----S----- ---------- M---------
MOR27           ---------- ---------- ----A----- ---------- M---------
MOR28           ---------- ---------Q ----A----- ---------- ----------
MOR29           ---------- ---------Q ----A----- ---------- M---------
MOR30           ---------- ---------Q ---------- ---------- ----------
MOR31           ---------- ---------Q ---------- ---------- M---------
```

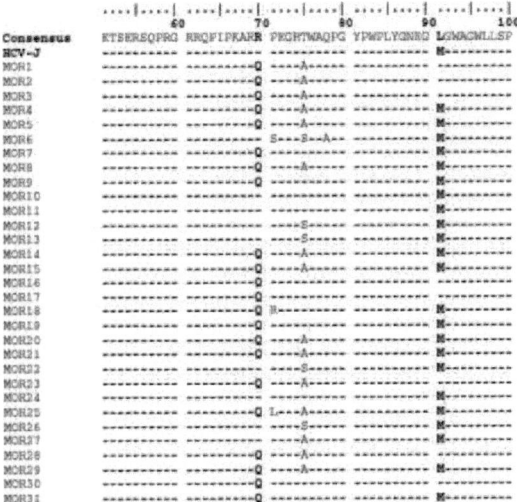

Fig. 1. Sequences of amino acids 51–100 in the core region. Dashes indicate amino acids identical to the consensus sequence and substituted amino acids are shown by standard single-letter codes. The amino acid patterns at positions that are associated with sensitivity to therapy are shown in boldface characters in 31 of the 112 patients belonging to subtype 1b.

serum ALT and AST (IU/L) were 56 ± 42 and 48 ± 21, respectively. The HCV subtype prevalence was subtype 1b (63.9%) followed by subtype 2i (29.1%), subtype 2k (4.7%) and subtype 4a (2.3%). On the other hand, in the HCC group, the mean age was 71 ± 8 years old, and the male/female ratio was 1.62. The median viral load was 977,500 IU/ml [146,000–26,00,000], and the means serum ALT and AST (IU/L) were 73 ± 42 and 76 ± 34, respectively. The percentage of HCV subtype was subtype 1b (87.7%) followed by subtype 2i (12.3%), and subtypes 2a, 2k and 4a were not found. Two amino acid substitutions (at residues 70 and 91) were frequently detected in HCV-1b. It was found that Arg70 was changed for a Gln in 22 of 112 patients (19.6%). No viral strain was bearing a His at position 70. In addition, Leu91 was changed to Met in 23 of 112 patients (20.5%). Mutations at residues 70 or 91 were detected in 31 of 112 patients (27.7%) infected with HCV-1b (Fig. 1). These results suggested that more than one fourth of Moroccan patients infected with HCV-1b can be predict to be resistant to Peg-IFN and RBV therapy. Besides, in 112 patients infected with HCV-1b strains, the threonine at position 75 (Thr75) was found to be changed in alanine (Ala75) or in serine (Ser75) in 43 (38.4%) and 40 (35.7%) patients, respectively. The role of amino acid substitution at position 75 of the core protein is still elusive and warrants, thus, further investigation (Utama et al., 2010). Several studies showed previously a significant association between mutations in core region and occurrence of liver cancer. In our study, there was no significant difference of amino acid substitutions between patients with chronic hepatitis and hepatocellular carcinoma (24% vs. 33%, respectively, $P = 0.457$). In the HCC group, it was found that Arg70 was changed for a Gln in 6 of 57 patients (10.5%) and Leu91 was changed to Met in 7 of 57 patients (12.3%). Mutations at residues 70 and 91 were detected in 5 of 57 patients (8.8%) infected with HCV-1b. In the CH group, it was found that Arg70 was changed for a Gln in 16 of 55 patients (29.1%) and Leu91 was changed to Met in 16 of 55 patients (29.1%). Mutations at residues 70 and 91 were detected in 9 of 55 patients (16.4%) infected with HCV-1b. Finally, the impact of individual or combinations of mutations on the resistance to treatment or on disease progression is unknown and deserves more attention in the future. The routine screening of HCV core sequence mutations in Morocco might partly predict patients' response to Peg-IFN/RBV therapy allow subsequently a better allocation of resources and enable, in the longer term, the implementation of personalized therapy.

References

Akuta, N., Suzuki, F., Sezaki, H., Suzuki, Y., Hosaka, T., Someya, T., Kobayashi, M., Saitoh, S., Watahiki, S., Sato, J., Matsuda, M., Arase, Y., Ikeda, K., Kumada, H., 2005. Association of amino acid substitution pattern in core protein of hepatitis C virus genotype 1b high viral load and non-virological response to interferon-ribavirin combination therapy. Intervirology 48, 372–380.

Akuta, N., Suzuki, F., Kawamura, Y., Yatsuji, H., Sezaki, H., Suzuki, Y., Hosaka, T., Kobayashi, M., Arase, Y., Ikeda, K., Kumada, H., 2007a. Amino acid substitutions in the hepatitis C virus core region are the important predictor of hepatocarcinogenesis. Hepatology 46, 1357–1364.

Akuta, N., Suzuki, F., Kawamura, Y., Yatsuji, H., Sezaki, H., Suzuki, Y., Hosaka, T., Kobayashi, M., Arase, Y., Ikeda, K., Kumada, H., 2007b. Predictive factors of early and sustained responses to peginterferon plus ribavirin combination therapy in Japanese patients infected with hepatitis C virus genotype 1b: amino acid substitutions in the core region and low-density lipoprotein cholesterol levels. J. Hepatol. 46, 403–410.

Akuta, N., Suzuki, F., Hirakawa, M., Kawamura, Y., Yatsuji, H., Sezaki, H., Suzuki, Y., Hosaka, T., Kobayashi, M., Saitoh, S., Arase, Y., Ikeda, K., Chayama, K., Nakamura, Y., Kumada, H., 2010. Amino acid substitution in hepatitis C virus core region and genetic variation near the interleukin 28B gene predict viral response to telaprevir with peginterferon and ribavirin. Hepatology 52, 421–429.

Ge, D., Fellay, J., Thompson, A.J., Simon, J.S., Shianna, K.V., Urban, T.J., Heinzen, E.L., Qiu, P., Bertelsen, A.H., Muir, A.J., Sulkowski, M., McHutchison, J.G., Goldstein, D.B., 2009. Genetic variation in IL28B predicts hepatitis C treatment-induced viral clearance. Nature 461, 399–401.

Hezode, C., Forestier, N., Dusheiko, G., Ferenci, P., Pol, S., Goeser, T., Bronowicki, J.P., Bourliere, M., Gharakhanian, S., Bengtsson, L., McNair, L., George, S., Kieffer, T., Kwong, A., Kauffman, R.S., Alam, J., Pawlotsky, J.M., Zeuzem, S., 2009. Telaprevir and peginterferon with or without ribavirin for chronic HCV infection. N. Engl. J. Med. 360, 1839–1850.

Kato, N., Hijikata, M., Ootsuyama, Y., Nakagawa, M., Ohkoshi, S., Sugimura, T., Shimotohno, K., 1990. Molecular cloning of the human hepatitis C virus genome from Japanese patients with non-A, non-B hepatitis. Proc. Natl. Acad. Sci. USA 87, 9524–9528.

Manns, M.P., McHutchison, J.G., Gordon, S.C., Rustgi, V.K., Shiffman, M., Reindollar, R., Goodman, Z.D., Koury, K., Ling, M., Albrecht, J.K., 2001. Peginterferon alfa-2b plus ribavirin compared with interferon alfa-2b plus ribavirin for initial treatment of chronic hepatitis C: a randomised trial. Lancet 358, 958–965.

McHutchison, J.G., Everson, G.T., Gordon, S.C., Jacobson, I.M., Sulkowski, M., Kauffman, R., McNair, L., Alam, J., Muir, A.J., 2009. Telaprevir with peginterferon and ribavirin for chronic HCV genotype 1 infection. N. Engl. J. Med. 360, 1827–1838.

Suppiah, V., Moldovan, M., Ahlenstiel, G., Berg, T., Weltman, M., Abate, M.L., Bassendine, M., Spengler, U., Dore, G.J., Powell, E., Riordan, S., Sheridan, D., Smedile, A., Fragomeli, V., Muller, T., Bahlo, M., Stewart, G.J., Booth, D.R., George, J., 2009. IL28B is associated with response to chronic hepatitis C interferon-alpha and ribavirin therapy. Nat. Genet. 41, 1100–1104.

Utama, A., Tania, N.P., Dhenni, R., Gani, R.A., Hasan, I., Sanityoso, A., Lelosutan, S.A., Martamala, R., Lesmana, L.A., Sulaiman, A., Tai, S., 2010. Genotype diversity of hepatitis C virus (HCV) in HCV-associated liver disease patients in Indonesia. Liver Int. 30, 1152–1160.

WHO, 1999. Hepatitis C global prevalence. Wkly Epidemiol. Rec. 74, 425–427.

III. Discussion

L'infection par le virus de l'hépatite C constitue un problème majeur de santé publique. Selon les estimations de l'Organisation Mondiale de la Santé, plus de 170 millions de personnes sont infectées par ce virus, soit 3% de la population mondiale (WHO, 1999). En l'absence d'un vaccin pour prévenir cette infection, l'hépatite C reste l'une des rares maladies chroniques curables grâce aux avancées du traitement actuel. Au Maghreb, la prévalence des anticorps anti-VHC est estimée entre 1,2% et 1,9% (travail en cours), situant cette région dans une zone de prévalence intermédiaire. Au Maroc, et en absence d'une étude nationale, le taux de prévalence des anticorps anti-VHC au sein de la population générale varie entre 0,3 et 1,9% selon les études (Benjelloun et al., 1996; Benouda et al., 2009; Lahlou Amine et al., 2010). Des prévalences plus élevées sont rapportées au sein de groupes à haut risque tel que les hémodialysés (35,1-68,3%) (Benjelloun et al., 1996; Sekkat et al., 2008) et les hémophiles (42,4%) (Benjelloun et al., 1996).

Le VHC est caractérisé par la grande variabilité de son génome. L'analyse des séquences en acides nucléiques a permis de subdiviser les souches en trois niveaux hiérarchiques : le génotype, le sous-type et les quasi-espèces. Actuellement, les souches du VHC sont classées en 6 génotypes majeurs et plus de 70 sous-types (Simmonds et al., 2005). L'identification des différents génotypes a une grande importance pour le traitement des patients infectés par le VHC. En effet, la bithérapie par PegIFN/RBV est d'efficacité variable selon les génotypes. Une réponse virale prolongée est obtenue chez les patients infectés par le génotype 1 dans environ 50% des cas alors qu'elle est obtenue dans environ 80% des cas chez les patients infectés par les génotypes 2 et 3 (Hadziyannis et al., 2004). Au Maroc, La première étude réalisée en 1997 a révélé que le génotype 1b était prédominant avec un taux de 47,6%, suivie par le génotype 2a/2c (37,1%) et le génotype 1a (2,8%). Dans ce travail, les auteurs ont utilisé une simple méthode de génotypage qui est une technique d'hybridation inverse ou LiPA (line Probe Assay) s'appuyant dans le temps sur l'analyse de la région 5'NC (Benani et al., 1997). Dans notre étude, une autre approche de référence, le séquençage direct suivi d'une analyse phylogénétique des régions du génome viral, a été utilisée en vue de caractériser les souches du VHC circulantes au Maroc. Les séquences obtenues sont comparées à des séquences de référence répertoriées dans des banques de données telles que Los Alamos VHC (Kuiken et al., 2005), euVHC database (Combet et al., 2007) ou encore GenBank. La construction d'arbres phylogénétiques incluant les séquences de référence permet de déterminer le génotype voire même le sous-type, selon les régions amplifiées. En se basant sur la région 5'NC, 70,1% des patients étaient de génotype 1, 28,2% de génotype 2, 1,1% de génotype 4 et 0,6% non classés. Dans les autres pays du Maghreb et à l'exception de la Lybie où le génotype 4 prédomine (35,7%), suivi de génotype 1 (32,6%) (Elasifer et al., 2010), le génotype 1 prédomine en Algérie (86%) et en Tunisie (75 à 88%) (Ben Moussa et al., 2003; Djebbi et al., 2003; Mejri et al., 2005). En effet, la distribution géographique des génotypes VHC diffère d'une région à l'autre. Si les génotypes 1, 2 et 3 sont présents sur l'ensemble des continents avec des prévalences variables d'une région à une autre, les génotypes 4 à 6 présentent certaines spécificités géographiques. Ainsi, le génotype 4 est très fréquent en Afrique Centrale, en Egypte et au Moyen-Orient, le génotype 5 prédomine en Afrique du Sud, alors que le génotype 6 est très présent dans l'Asie du Sud-Est (Zein, 2000; Pawlotsky, 2003). Cependant, en se basant sur cette région 5'NC, on observe une faible discrimination de certains sous-types : 1a, 1b et 1c, le génotype 1 et les différents sous-types 6, 2a et 2c. Donc, dû à ces limites de la région 5'NC qui est une région très conservée du génome viral (Simmonds, 1995), d'autres régions sont utilisées dans cette étude à noter la région NS5B et la capside pour déterminer les sous-types circulants. L'arbre phylogénétique obtenu à partir des séquences de la région NS5B a montré une répartition des souches similaire à celles obtenues par analyse des séquences de la capside. En effet, chaque souche était retrouvée dans des clusters rassemblant les mêmes souches dans les deux régions et les sous-types d'un même génotype sont uniformément groupés dans un clade. Les distances génétiques dans la région NS5B (0,2112±0,0021 substitutions par site) étaient plus élevées que dans la région de la capside (0,0585±0,0007 substitutions par site), montrant une plus grande variabilité génétique de la région NS5B par rapport à la région de la capside ($P<0,0001$). Dans le monde, la région NS5B a reçu plus d'attention pour la caractérisation des isolats du VHC. Elle parait être plus pertinente pour identifier les variations dans les séquences nucléotidiques du génome viral, déterminer plus précisément le génotype et comparer entre les isolats qui n'appartiennent pas à un même sous-type. En effet, le degré de variabilité de la région NS5B est bien corrélé avec la définition sous-type du VHC. De plus, pour étudier la phylogénie du VHC, il faut choisir une région du génome viral qui permet de grouper uniformément les sous-types viraux dans des groupes génétiques distincts, ou clades, et qui donne un résultat phylogénique concordant à celui obtenu avec l'analyse de la séquence nucléotidique du génome viral complet. Il faut noter que les arbres phylogénétiques obtenus avec la région NS5B sont concordants à ceux obtenus à partir de la séquence nucléotidique complète du génome viral. Tout cela montre l'efficacité de la région NS5B dans l'étude phylogénétique du VHC (Hraber et al., 2006). Dans cette étude d'épidémiologie moléculaire, nous avons trouvé que le sous-type 1b (74,3-75,2%) était le plus prévalent suivi de 2i (19,1-19,7%) et de 2k (2,6-2,8%) en se basant sur les deux régions discriminantes pour le sous-type (capside et NS5B) respectivement. Nos résultats sont en accord avec les données antérieures montrant que le sous-type 1b est le plus prévalent (47,6%) (Benani et al., 1997), mais cette distribution n'a pas été stable depuis 1997. En effet, et par comparaison avec nos résultats, on a noté un changement significatif de distribution de sous-type au profit de 1b (p=0,0001). Depuis ces dix dernières années, une augmentation de la prévalence du sous-type 1b est constatée. En 1997, il représentait 47,6% des souches de VHC circulantes contre 75% en 2003-2010. En Europe et aux Etats-Unis, les génotypes 1a, 1b, 2a sont prédominants, mais des études ont décrit un changement dans la distribution des sous-types dans le temps, avec une diminution de la prévalence du génotype 1b au dépend d'une augmentation de la prévalence du génotype 1a et 3 (Pol et al., 1995; Rosen et al., 1999). En Espagne, par exemple, plusieurs études avaient rapporté une incidence élevée du génotype 1b (plus de 86%) (Forns et al., 1996; Lopez-Labrador et al., 1997), alors que des études plus récentes ont rapporté une augmentation de l'incidence du génotype 1a (plus de 23,7% dans une cohorte de 355 individus) (Ramos-Sanchez et al., 2003; Moreno Planas et al., 2005). Le sous-type 1b prédomine aussi dans certains pays d'Europe et du Maghreb (Djebbi et al., 2004; Cantaloube et al., 2005; Thomas et al., 2007), au Japon (70-80%) (Brechot, 1996) et en Chine (66%) (Lu et al., 2005). Contrairement, à ce que l'on observe en Egypte (Youssef et al., 2009), en Afrique du Sud (Bukh et al., 1993), et en Afrique centrale (Xu et al., 1994), où les génotypes 4 et 5 sont prédominants. Ceci suggère une origine probablement commune des isolats retrouvés au Maroc avec les isolats européens et maghrébins plutôt qu'avec les isolats africains. Cette ressemblance est due à la situation géographique du Maroc qui est très proche des pays maghrébins voisins mais aussi de l'Europe notamment l'Espagne, la France, et les pays bas, aux flux migratoires entre ces pays qui s'amplifient. En effet, les mouvements intensifs et continus des populations résultant du tourisme européen, maghrébin, le pèlerinage ainsi que les flux migratoires à partir de l'Afrique sub-saharienne contribuent à l'émergence de nouveaux modèles d'infection et de génotypes VHC rares.

Dans notre travail, le génotype 2 représente 22,6% des souches isolées, indiquant une baisse en comparaison aux données des années 1990 (37,1%, p=0,02) (Benani et al., 1997). Le sous-type 2i a été isolé pour la première fois au Maroc et il est le plus répandu dans notre étude (19,1%). Ce sous-type a été d'ailleurs décrit en 2007 au sud-ouest de la France chez les patients d'origine nord-africaine (Thomas et al., 2007). Quant au génotype 4a, il reste rare au sein de notre population d'étude (1,1%). Des résultats similaires ont été rapportés également en Tunisie (1%) (Djebbi et al., 2003). En Algérie, 4,7% de la population infectée par le VHC est de sous-type 4a (Zemouli et al., 2010) alors qu'il est responsable de la majorité des infections en Lybie (35,7%) (Elasifer et al., 2010) et en Egypte (91%) (Ramia and Eid-Fares, 2006). En Egypte, cette diffusion très importante du sous-type 4a est liée aux campagnes nationales de lutte contre la schistosomiase : du début des années 60 jusqu'au milieu des années 80, près de 7 millions d'égyptiens vivant dans les régions du Delta du Nil et de la Haute Egypte ont été traités par injection intraveineuse de sels d'antimoines avec du matériel à usage multiple. Une proportion très importante des enfants a été infectée par le VHC, virus non identifié à cette époque (Frank et al., 2000). Le sous-type 4a est aussi prédominant au Moyen-Orient comme l'Arabie saoudite (47,9%) (Al-Ahdal et al., 1997), le Liban (45,7%) (Sharara et al., 2007) et le Koweït (38%) (Pacsa et al., 2001). Le degré de similitude entre les deux souches marocaines de sous-type 4a et celles d'origine égyptiennes s'expliquerait par un séjour prolongé des deux patients marocains en Egypte.

La recombinaison génétique constitue un phénomène rarement observé pour le VHC. La mise en évidence de génomes recombinants du VHC est assez difficile car nécessite le séquençage de deux régions différentes. Dans notre étude, les arbres phylogénétiques obtenus avec la région NS5B sont concordants à ceux obtenus à partir de la région de la capside pour 98,9% des cas. Des discordances ont été observées pour deux souches particulières (1,1%) qui sont de sous-type

1b au niveau de la région NS5B et de sous-type 2i au niveau de la capside. Il pourrait s'agir d'une recombinaison, le séquençage du génome complet et des analyses clonales permettraient d'éliminer la présence éventuelle d'une infection mixte (travail en cours). Différents travaux ont montré l'existence de souches recombinantes. Le premier virus recombinant décrit a été une souche 2k/1b découverte en Russie (Kalinina et al., 2002). Les autres virus recombinants caractérisés ont été une souche 2i/6p au Vietnam (Noppornpanth et al., 2006), une souche 2b/1b aux Philippines (Kageyama et al., 2006), une souche 2/5 chez un patient de la région Midi-Pyrénées (Legrand-Abravanel et al., 2007) et dernièrement une souche 2b/6w découverte en Taïwan (Lee et al., 2010). Chez des chimpanzés inoculés simultanément avec des sous-types 1a, 1b, 2a, et 3a, des recombinaisons entre les différents génomes ont été observées après analyse clonale (Gao et al., 2007). Des infections mixtes étant possibles chez l'homme, des phénomènes de recombinaison peuvent donc être envisagés. La souche 2k/1b semble avoir diffusé en Europe chez les patients toxicomanes (Moreau et al., 2006), en Russie et en Ouzbékistan (Kurbanov et al., 2008a). La sensibilité de cette souche à un traitement par pégIFNα et RBV a été étudiée chez des souris humanisées avec des hépatocytes humains et infectées par une souche 2k/1b. Cette souche présentait une bonne sensibilité au traitement (Kurbanov et al., 2008b). C'est actuellement la seule étude ayant évalué la sensibilité d'un virus recombinant VHC à un traitement par interféron. La découverte d'un nouveau virus recombinant pourrait avoir des conséquences en termes de diagnostic et de stratégie thérapeutique dans le contexte des nouvelles molécules anti-VHC.

La diversification des génotypes du VHC en sous-types et leur diffusion étant liée à des évènements épidémiologiques plus récents que l'origine même du virus, il est possible de reconstruire l'histoire évolutive des séquences et d'en déduire, de façon de plus en plus fiable, l'histoire récente de l'infection. Les notions de phylogéographie et de datation moléculaire se sont développées depuis le début des années 2000 grâce aux nouvelles méthodes d'analyse phylogénétique basées sur la théorie coalescente et les techniques statistiques bayésiennes. Cette approche probabiliste de reconstruction des généalogies permet d'implémenter des modèles d'évolution de séquences de plus en plus complexes et s'est rapidement imposée pour déduire, à partir des séquences nucléotidiques, l'évolution des populations virales à la fois dans le temps et dans l'espace (Holmes, 2004; Drummond et al., 2005). Elle est appliquée à l'histoire épidémique de nombreux virus à ARN par exemple le VIH (Sharp and Hahn, 2008), le virus influenza (Lemey et al., 2009) ou le virus de la dengue (Bennett et al., 2010) et largement au VHC, en particulier par l'équipe d'Oliver Pybus à Oxford (Pybus et al., 2001). Plusieurs profils épidémiologiques d'infection à VHC ont été caractérisés grâce à l'analyse moléculaire des souches isolées dans différentes régions du monde. Ainsi, la présence simultanée, dans une zone géographique limitée, d'un nombre élevé de sous-types d'un génotype donné, suggère la présence ancienne et endémique du virus au sein de la population locale.

Dans cette étude, nous avons réalisé une analyse bayésienne pour la première fois au Maroc. En effet, les dates connues de prélèvement ont permis de calibrer de façon fiable l'échelle de temps et un taux d'évolution des séquences a pu être estimé pour les deux sous-types majoritaires au Maroc en se basant sur la région NS5B. L'âge du plus proche ancêtre commun (MCRA) de génotype 2i a été estimé autour de l'année 1845 et du 1b en 1910. En Afrique de l'ouest, les génotypes 1, 2 et 4 sont prédominants, avec une très grande variété de sous-types qui, pour certains, ne sont pas retrouvés à l'extérieur de cette zone (Candotti et al., 2003; Pasquier et al., 2005; Ndong-Atome et al., 2008). De même, de très nombreux sous-types appartenant aux génotypes 3 et 6 sont rencontrés en Asie, avec là aussi des sous-types exclusivement présents dans cette région du monde, et certains spécifiques d'une sous-région (Tokita et al., 1995; Lu et al., 2005). Les études de datation moléculaire permettent d'estimer que la divergence génétique à l'origine de l'émergence de ces sous-types a eu lieu, il y a plusieurs siècles, soit environ 500 ans pour les génotypes africains (Njouom et al., 2007; Markov et al., 2009; Njouom et al., 2009) et mille ans pour les génotypes asiatiques (Pybus et al., 2009).

L'histoire évolutive des séquences marocaines de sous-type 1b reconstruite grâce à l'analyse bayésienne montre une relative stabilité pendant presque 20 ans suivis d'une période d'augmentation exponentielle des infections qui a encore lieu de nos jours. L'analyse phylodynamique des populations virales de sous-type 2i ne montre pas de grandes phases dans le temps. D'après les données de la littérature, l'analyse phylodynamique dans le temps montre une relative stabilité pendant plusieurs siècles, avant une période d'augmentation exponentielle attribuée aux contaminations liées aux campagnes de vaccination de masse et à l'administration de traitements injectables de la fin du 19ème siècle jusqu'aux années 1960, avec une ampleur à nuancer selon les pays en fonction des politiques de santé publique menées pendant l'ère coloniale (Markov et al., 2009; Pybus et al., 2009). Le cas le plus exemplaire de transmission par voie iatrogène est celui de l'épidémie d'hépatite C à génotype 4a en Egypte (Maegraith, 1964). Dans d'autres régions du monde, à l'opposé, la présence de quelques sous-types, chacun retrouvé sous forme de nombreux isolats, suggère une introduction plus récente à partir des zones d'endémie et une diffusion épidémique très rapide au cours de la deuxième moitié du 20ème siècle au travers de la voie parentérale, en particulier par transfusion de produits sanguins et l'usage de substances par voie intraveineuse. Les sous-types 1a, 1b, 2a, 2b, 2c et 3a ont massivement diffusé en Europe de l'ouest, Amérique, Japon et Océanie où ils sont prédominants. Des analyses phylogénétiques, basées sur la méthode bayésienne comparant des souches provenant des Etats-Unis, du Brésil, d'Indonésie et du Japon montrent une augmentation exponentielle des infections à sous-type 1b plus tôt au cours du 20ème siècle en comparaison avec le sous-type 1a (Nakano et al., 2004). L'épidémie de génotype 3a semble un peu plus récente, avec une accélération et une diffusion très rapide à partir des années 1960 chez les usagers de substances injectables, probablement à partir d'un foyer endémique unique d'origine asiatique (Morice et al., 2006).

Si nous nous intéressons maintenant à la distribution des génotypes en fonction du sexe, on ne relève dans notre travail aucune différence de génotype entre le sexe masculin et féminin ($P>0,05$). Ce résultat est en accord avec une étude réalisée en Turquie (Altuglu et al., 2008). L'étude de la distribution des génotypes en fonction de l'âge n'a pas montré de différence significative entre le génotype 1 et 2 ($p=0,841$). Ces résultats sont en accord avec des rapports antérieurs qui ont montré que les patients infectés par les génotypes 1b ou 2 sont en moyenne plus âgés que les patients infectés par les génotypes 1a ou 3a (Haushofer et al., 2001; Cantaloube et al., 2005; Altuglu et al., 2008), l'âge et le génotype reflètent les modes de transmission du VHC. Spécifiquement, il a été démontré que les génotypes 1a et 3a sont associés à l'utilisation de drogues par voie intraveineuse, qui représente aujourd'hui la principale cause de contamination dans les pays développés (Bourliere et al., 2002; Cantaloube et al., 2005) et il est le plus souvent rencontré chez des sujets jeunes âgés de 16 à 30 ans (Tamalet et al., 2003). Par contre, le génotype 1b et le génotype 2 sont plus fréquents chez les sujets âgés de plus de 40 ans et associés à la transfusion sanguine avant l'introduction du dépistage systématique des dons de sang dans les centres de transfusion sanguine (Pawlotsky et al., 1995; Pol et al., 1995) ; Ainsi, la diminution du risque d'infection par transfusion sanguine dans les pays développés qui est contrebalancée par une augmentation du risque de contamination par l'utilisation de drogues par voie intraveineuse pourrait expliquer la diminution de la fréquence du génotype 1b et l'augmentation de celle du génotype 3a.

Plusieurs études ont rapporté un lien entre la sévérité de l'atteinte hépatique et le génotype (Silini et al., 1995; Silini et al., 1996). C'est le cas de l'infection par le génotype 1b, qui semble être associée à une évolution rapide des lésions hépatiques de l'hépatite C chronique, pouvant conduire à la cirrhose et au CHC (Silini et al., 1996; Bruno et al., 1997). Dans ce présent travail, nous avons relevé une association significative entre le génotype 1b et la sévérité de la maladie du foie ($p<0,05$). Ces résultats sont en accord avec une étude prospective menée chez 163 patients cirrhotiques suivis pendant 17 ans chez qui le risque de développer un CHC était plus élevé chez les patients infectés par un génotype 1b (Bruno et al., 2007). De même, des études réalisées chez les transplantés hépatiques ont montré que les récidives d'hépatopathie C étaient plus sévères chez les sujets infectés par un génotype 1b (Feray et al., 1995; Gane et al., 1996). La sévérité des lésions hépatiques pourrait être liée à une activité apoptotique au niveau du foie, plus importante chez les patients infectés par un génotype 1b (Di Martino et al., 2000). Toutefois, le lien entre la sévérité de l'atteinte hépatique après transplantation et le génotype 1b n'a pas été confirmé par d'autres études (Zeuzem et al., 1996; Zhou et al., 1996) et reste controversé. Le traitement immunosuppresseur semble le facteur le plus impliqué dans l'atteinte hépatique en post- transplantation (Roche and Samuel, 2007). D'autres travaux suggèrent que le génotype 1b, par des effets oncogéniques, favoriserait la survenue du cancer du foie. Une étude italienne a montré que chez les malades atteints de cirrhose avec carcinome hépatocellulaire, le génotype1b était le plus fréquent, et que leur âge moyen était inférieur à celui des malades avec CHC infectés par un génotype non-1b (Silini et al., 1996). D'après la littérature, cette association semble être, au moins en partie, liée à des facteurs confondants comme la source et la durée de l'infection, ou encore l'âge au moment de l'infection. En effet, le génotype 1b est associé à une source de contamination transfusionnelle, à une longue durée d'infection et à un âge avancé (Pawlotsky et al., 1995; Martinot-Peignoux et al., 1999). Ainsi, le génotype 1b n'est pas associé de manière significative à la cirrhose ou au cancer du foie lorsqu'un ajustement par une analyse multivariée avec les précédents facteurs est réalisé (Benvegnu et al., 1997; Martinot-Peignoux et al., 1999). En revanche, notre étude a montré que le risque relatif de développer un CHC chez les patients atteints de sous-type 1b était de 2,6% (95% IC ; 1,15-5,85) après ajustement de l'âge, le sexe et les autres sous-types de VHC.

Un effet carcinogène propre de la capside du VHC a été mis en évidence chez des souris transgéniques (Moriya et al., 1998). Une étude s'est focalisée sur l'expression de la protéine de capside afin d'étudier son effet sur le métabolisme de l'hôte. Il a ainsi pu être montré qu'elle était responsable de lésions de l'ADN mitochondrial, reflétant ainsi l'augmentation de radicaux libres, ce qui pourrait expliquer les lésions de l'ADN des hépatocytes et à terme le développement du CHC (Okuda et al., 2002). Dans cette étude, nous avons trouvé que la prévalence des mutations R70Q et L91M de la protéine codant pour la capside ont été présents chez plus d'un quart des patients marocains infectés par le sous-type 1b. Cependant, il n'y avait pas de différence significative entre la prévalence des mutations et la sévérité de la maladie ($p>0,05$). Ces résultats sont en discordance avec une étude qui a montré précédemment une association significative entre les mutations au niveau de la capside et la survenue d'un cancer du foie (Akuta et al., 2007a). Ces mutations (R70Q et L91M) sont significativement associées à une mauvaise réponse au traitement par Peg-IFN/RBV pendant 48 semaines (Akuta et al., 2007a; Akuta et al., 2007b).

Conclusion et Perspectives

L'infection par le VHC reste un problème majeur de sante publique dans le monde. Le Maroc se situe dans une région de prévalence intermédiaire avec une prédominance du génotype 1b, pour lequel les taux de rémission suite à une bithérapie avoisinent les 50%. Cependant, et avec l'avènement de nouvelles molécules antivirales, l'hépatite C chronique est devenue l'une des rares maladies chroniques curables en majorité contrairement aux infections liées au VIH ou au VHB.

L'expérience clinique a démontré que l'infection peut être éradiquée. Il est donc essentiel que les malades risquant de progresser puissent espérer bénéficier des potentialités curatives à venir. La lutte contre l'infection par le VHC repose sur la prévention, la mise en œuvre stricte des précautions standards dans les établissements de soins, le dépistage des groupes à risque et le traitement. Cependant, malgré son impact en santé publique, les modalités de la surveillance de l'hépatite C demeurent toujours un sujet de discussions. Les enquêtes transversales en population ou au sein des groupes à risque sont indispensables pour évaluer le poids de l'infection par le VHC et décrire les personnes touchées, qui devraient être ciblées par les programmes de dépistage et traitées.

Compte tenu du grand nombre de malades à traiter, il y'a là un enjeu de santé publique essentiel qui repose sur une dimension de responsabilité médicale collective pour permettre d'orienter au mieux le traitement afin de prévenir le risque d'évolution vers la cirrhose et le carcinome hépatocellulaire. Cette orientation du traitement dépend essentiellement de la caractérisation des souches du VHC en question. La caractérisation de ces souches et l'identification du sous-type devient primordiale puisque chez les patients infectés par un virus de génotype 1b notamment, il pourrait être un facteur déterminant les modalités de prise en charge thérapeutique.

Dans notre étude qui porte sur 185 patients anti-VHC positifs. L'amplification de la région 5'NC a montré que 174 patients sont virémiques. Les régions de la capside et de NS5B ont été amplifiées dans 152 (87,4%) et 141 (81,0%) patients respectivement. En effet, nous avons trouvé chez notre population marocaine après séquençage et analyse phylogénétique que les sous-types 1b et 2i étaient majoritaires avec des prévalences de 75,2% et 19,1% respectivement. Les sous-types 2k, 1a, 2a, et 4a restaient minoritaires. Le sous-type 1b était plus fréquent chez les patients présentant un carcinome hépatocellulaire (84,4% des CHC vs 67,5% des patients ayant une hépatite C chronique modérée) (P=0,031). Les deux sous-types majoritaires (1b et 2i) au sein, de notre population sont plus proches de ceux identifiés en Europe et en Afrique du nord. Par contre, la souche marocaine de sous-type 4a et la souche égyptienne sont très similaires et les séquences de sous-type 1a et 2k sont proches de celles trouvées en Amérique et en Asie. De plus, l'analyse bayésienne des deux sous-types prédominants a montré que l'ancêtre commun le plus récent datait de 1910 pour le sous-type 1b et de 1854 pour le sous-type 2i. Les mutations dans la région codant la protéine de capside (R70Q et L91M) ont été fréquemment détectées chez les patients de sous-type 1b. Dans la position 70, on a constaté un changement de l'arginine par une glutamine chez 19,6% des patients. En outre, dans la position 91, on a trouvé une mutation par substitution de leucine par une méthionine dans 20,5% des cas. Des mutations au niveau des résidus 70 et/ou 91 ont été détectées chez plus d'un quart des patients infectés par le VHC de sous-type 1b.

Comme perspective de ce travail, nous envisageons :

- Etudier la répartition géographique des génotypes et des sous-types VHC circulants dans les différentes régions du Maroc ;
- Elargir la cohorte des patients à différents stades de la maladie dans le but de mieux étudier l'impact des sous-types VHC circulants dans notre pays sur la progression de la maladie ;
- Analyser le génome entier du VHC (9,6kb) pour confirmer ou non le phénomène de recombinaison ;
- Etudier les facteurs de l'hôte et leur impact sur la clairance naturelle du VHC mais également sur l'efficacité de la thérapie.

Références bibliographiques

Abid, K., Pazienza, V., de Gottardi, A., Rubbia-Brandt, L., Conne, B., Pugnale, P., Rossi, C., Mangia, A., and Negro, F. (2005). An in vitro model of hepatitis C virus genotype 3a-associated triglycerides accumulation. *J Hepatol* 42(5), 744-51.

Accapezzato, D., Francavilla, V., Paroli, M., Casciaro, M., Chircu, L. V., Cividini, A., Abrignani, S., Mondelli, M. U., and Barnaba, V. (2004a). Hepatic expansion of a virus-specific regulatory CD8(+) T cell population in chronic hepatitis C virus infection. *J Clin Invest* 113(7), 963-72.

Accapezzato, D., Francavilla, V., Rawson, P., Cerino, A., Cividini, A., Mondelli, M. U., and Barnaba, V. (2004b). Subversion of effector CD8+ T cell differentiation in acute hepatitis C virus infection: the role of the virus. *Eur J Immunol* 34(2), 438-46.

Adinolfi, L. E., Gambardella, M., Andreana, A., Tripodi, M. F., Utili, R., and Ruggiero, G. (2001). Steatosis accelerates the progression of liver damage of chronic hepatitis C patients and correlates with specific HCV genotype and visceral obesity. *Hepatology* 33(6), 1358-64.

Agnello, V., Chung, R. T., and Kaplan, L. M. (1992). A role for hepatitis C virus infection in type II cryoglobulinemia. *N Engl J Med* 327(21), 1490-5.

Ahmad, A., and Alvarez, F. (2004). Role of NK and NKT cells in the immunopathogenesis of HCV-induced hepatitis. *J Leukoc Biol* 76(4), 743-59.

Ait-Goughoulte, M., Hourioux, C., Patient, R., Trassard, S., Brand, D., and Roingeard, P. (2006). Core protein cleavage by signal peptide peptidase is required for hepatitis C virus-like particle assembly. *J Gen Virol* 87(Pt 4), 855-60.

Akira, S., Uematsu, S., and Takeuchi, O. (2006). Pathogen recognition and innate immunity. *Cell* 124(4), 783-801.

Akuta, N., Suzuki, F., Kawamura, Y., Yatsuji, H., Sezaki, H., Suzuki, Y., Hosaka, T., Kobayashi, M., Arase, Y., Ikeda, K., and Kumada, H. (2007a). Amino acid substitutions in the hepatitis C virus core region are the important predictor of hepatocarcinogenesis. *Hepatology* 46(5), 1357-64.

Akuta, N., Suzuki, F., Kawamura, Y., Yatsuji, H., Sezaki, H., Suzuki, Y., Hosaka, T., Kobayashi, M., Arase, Y., Ikeda, K., and Kumada, H. (2007b). Predictive factors of early and sustained responses to peginterferon plus ribavirin combination therapy in Japanese patients infected with hepatitis C virus genotype 1b: amino acid substitutions in the core region and low-density lipoprotein cholesterol levels. *J Hepatol* 46(3), 403-10.

Al-Ahdal, M. N., Rezeig, M. A., and Kessie, G. (1997). Genotyping of hepatitis C virus isolates from Saudi patients by analysis of sequences from PCR-amplified core region of the virus genome. *Ann Saudi Med* 17(6), 601-4.

Alberti, A., Clumeck, N., Collins, S., Gerlich, W., Lundgren, J., Palu, G., Reiss, P., Thiebaut, R., Weiland, O., Yazdanpanah, Y., and Zeuzem, S. (2005). Short statement of the first European Consensus Conference on the treatment of chronic hepatitis B and C in HIV co-infected patients. *J Hepatol* 42(5), 615-24.

Altuglu, I., Soyler, I., Ozacar, T., and Erensoy, S. (2008). Distribution of hepatitis C virus genotypes in patients with chronic hepatitis C infection in Western Turkey. *Int J Infect Dis* 12(3), 239-44.

Appel, N., Pietschmann, T., and Bartenschlager, R. (2005). Mutational analysis of hepatitis C virus nonstructural protein 5A: potential role of differential phosphorylation in RNA replication and identification of a genetically flexible domain. *J Virol* 79(5), 3187-94.

Appel, N., Zayas, M., Miller, S., Krijnse-Locker, J., Schaller, T., Friebe, P., Kallis, S., Engel, U., and Bartenschlager, R. (2008). Essential role of domain III of nonstructural protein 5A for hepatitis C virus infectious particle assembly. *PLoS Pathog* 4(3), e1000035.

Asahina, Y., Izumi, N., Enomoto, N., Uchihara, M., Kurosaki, M., Onuki, Y., Nishimura, Y., Ueda, K., Tsuchiya, K., Nakanishi, H., Kitamura, T., and Miyake, S. (2005). Mutagenic effects of ribavirin and response to interferon/ribavirin combination therapy in chronic hepatitis C. *J Hepatol* 43(4), 623-9.

Banchereau, J., Briere, F., Caux, C., Davoust, J., Lebecque, S., Liu, Y. J., Pulendran, B., and Palucka, K. (2000). Immunobiology of dendritic cells. *Annu Rev Immunol* 18, 767-811.

Barba, G., Harper, F., Harada, T., Kohara, M., Goulinet, S., Matsuura, Y., Eder, G., Schaff, Z., Chapman, M. J., Miyamura, T., and Brechot, C. (1997). Hepatitis C virus core protein shows a cytoplasmic localization and associates to cellular lipid storage droplets. *Proc Natl Acad Sci U S A* 94(4), 1200-5.

Bare, P., Massud, I., Parodi, C., Belmonte, L., Garcia, G., Nebel, M. C., Corti, M., Pinto, M. T., Bianco, R. P., Bracco, M. M., Campos, R., and Ares, B. R. (2005). Continuous release of hepatitis C virus (HCV) by peripheral blood mononuclear cells and B-lymphoblastoid cell-line cultures derived from HCV-infected patients. *J Gen Virol* 86(Pt 6), 1717-27.

Barria, M. I., Gonzalez, A., Vera-Otarola, J., Leon, U., Vollrath, V., Marsac, D., Monasterio, O., Perez-Acle, T., Soza, A., and Lopez-Lastra, M. (2009). Analysis of natural variants of the hepatitis C virus internal ribosome entry site reveals that primary sequence plays a key role in cap-independent translation. *Nucleic Acids Res* 37(3), 957-71.

Bartenschlager, R., Frese, M., and Pietschmann, T. (2004). Novel insights into hepatitis C virus replication and persistence. *Adv Virus Res* 63, 71-180.

Bartolome, J., Lopez-Alcorocho, J. M., Castillo, I., Rodriguez-Inigo, E., Quiroga, J. A., Palacios, R., and Carreno, V. (2007). Ultracentrifugation of serum samples allows detection of hepatitis C virus RNA in patients with occult hepatitis C. *J Virol* 81(14), 7710-5.

Bartosch, B., Bukh, J., Meunier, J. C., Granier, C., Engle, R. E., Blackwelder, W. C., Emerson, S. U., Cosset, F. L., and Purcell, R. H. (2003a). In vitro assay for neutralizing antibody to hepatitis C virus: evidence for broadly conserved neutralization epitopes. *Proc Natl Acad Sci U S A* 100(24), 14199-204.

Bartosch, B., Dubuisson, J., and Cosset, F. L. (2003). Infectious hepatitis C virus pseudo-particles containing functional E1-E2 envelope protein complexes. *J Exp Med* 197(5), 633-42.

Bartosch, B., Vitelli, A., Granier, C., Goujon, C., Dubuisson, J., Pascale, S., Scarselli, E., Cortese, R., Nicosia, A., and Cosset, F. L. (2003b). Cell entry of hepatitis C virus requires a set of co-receptors that include the CD81 tetraspanin and the SR-B1 scavenger receptor. *J Biol Chem* 278(43), 41624-30.

Bassett, S. E., Brasky, K. M., and Lanford, R. E. (1998). Analysis of hepatitis C virus-inoculated chimpanzees reveals unexpected clinical profiles. *J Virol* 72(4), 2589-99.

Baumert, T. F., Ito, S., Wong, D. T., and Liang, T. J. (1998). Hepatitis C virus structural proteins assemble into viruslike particles in insect cells. *J Virol* 72(5), 3827-36.

Ben Moussa, M., Barguellil, F., Bouziani, A., and Amor, A. (2003). [Comparison of two hepatitis C virus typing assays in a Tunisian population]. *Ann Biol Clin (Paris)* 61(2), 234-8.

Benani, A., El-Turk, J., Benjelloun, S., Sekkat, S., Nadifi, S., Hda, N., and Benslimane, A. (1997). HCV genotypes in Morocco. *J Med Virol* 52(4), 396-8.

Benjelloun, S., Bahbouhi, B., Sekkat, S., Bennani, A., Hda, N., and Benslimane, A. (1996). Anti-HCV seroprevalence and risk factors of hepatitis C virus infection in Moroccan population groups. *Res Virol* 147(4), 247-55.

Bennett, S. N., Drummond, A. J., Kapan, D. D., Suchard, M. A., Munoz-Jordan, J. L., Pybus, O. G., Holmes, E. C., and Gubler, D. J. (2010). Epidemic dynamics revealed in dengue evolution. *Mol Biol Evol* 27(4), 811-8.

Benouda, A., Boujdiya, Z., Ahid, S., Abouqal, R., and Adnaoui, M. (2009). [Prevalence of hepatitis C virus infection in Morocco and serological tests assessment of detection for the viremia prediction]. *Pathol Biol (Paris)* 57(5), 368-72.

Benvegnu, L., Pontisso, P., Cavalletto, D., Noventa, F., Chemello, L., and Alberti, A. (1997). Lack of correlation between hepatitis C virus genotypes and clinical course of hepatitis C virus-related cirrhosis. *Hepatology* 25(1), 211-5.

Boonstra, A., van der Laan, L. J., Vanwolleghem, T., and Janssen, H. L. (2009). Experimental models for hepatitis C viral infection. *Hepatology* 50(5), 1646-55.

Bouchardeau, F., Cantaloube, J. F., Chevaliez, S., Portal, C., Razer, A., Lefrere, J. J., Pawlotsky, J. M., De Micco, P., and Laperche, S. (2007). Improvement of hepatitis C virus (HCV) genotype determination with the new version of the INNO-LiPA HCV assay. *J Clin Microbiol* 45(4), 1140-5.

Boulant, S., Montserret, R., Hope, R. G., Ratinier, M., Targett-Adams, P., Lavergne, J. P., Penin, F., and McLauchlan, J. (2006). Structural determinants that target the hepatitis C virus core protein to lipid droplets. *J Biol Chem* 281(31), 22236-47.

Boulant, S., Targett-Adams, P., and McLauchlan, J. (2007). Disrupting the association of hepatitis C virus core protein with lipid droplets correlates with a loss in production of infectious virus. *J Gen Virol* 88(Pt 8), 2204-13.

Bourliere, M., Barberin, J. M., Rotily, M., Guagliardo, V., Portal, I., Lecomte, L., Benali, S., Boustiere, C., Perrier, H., Jullien, M., Lambot, G., Loyer, R., LeBars, O., Daniel, R., Khiri, H., and Halfon, P. (2002). Epidemiological changes in hepatitis C virus genotypes in France: evidence in intravenous drug users. *J Viral Hepat* 9(1), 62-70.

Brady, M. T., MacDonald, A. J., Rowan, A. G., and Mills, K. H. (2003). Hepatitis C virus non-structural protein 4 suppresses Th1 responses by stimulating IL-10 production from monocytes. *Eur J Immunol* 33(12), 3448-57.

Brechot, C. (1996). Hepatitis C virus: molecular biology and genetic variability. *Dig Dis Sci* 41(12 Suppl), 6S-21S.

Breilh, D., Foucher, J., Castera, L., Trimoulet, P., Djabarouti, S., Merrouche, W., Couzigou, P., Saux, M. C., and de Ledinghen, V. (2009). Impact of ribavirin plasma level on sustained virological response in patients treated with pegylated interferon and ribavirin for chronic hepatitis C. *Aliment Pharmacol Ther* 30(5), 487-94.

Bressler, B. L., Guindi, M., Tomlinson, G., and Heathcote, J. (2003). High body mass index is an independent risk factor for nonresponse to antiviral treatment in chronic hepatitis C. *Hepatology* 38(3), 639-44.

Brochot, E., Duverlie, G., Castelain, S., Morel, V., Wychowski, C., Dubuisson, J., and Francois, C. (2007). Effect of ribavirin on the hepatitis C virus (JFH-1) and its correlation with interferon sensitivity. *Antivir Ther* 12(5), 805-13.

Bruno, S., Crosignani, A., Maisonneuve, P., Rossi, S., Silini, E., and Mondelli, M. U. (2007). Hepatitis C virus genotype 1b as a major risk factor associated with hepatocellular carcinoma in patients with cirrhosis: a seventeen-year prospective cohort study. *Hepatology* 46(5), 1350-6.

Bruno, S., Silini, E., Crosignani, A., Borzio, F., Leandro, G., Bono, F., Asti, M., Rossi, S., Larghi, A., Cerino, A., Podda, M., and Mondelli, M. U. (1997). Hepatitis C virus genotypes and risk of hepatocellular carcinoma in cirrhosis: a prospective study. *Hepatology* 25(3), 754-8.

Bukh, J., Miller, R. H., Kew, M. C., and Purcell, R. H. (1993). Hepatitis C virus RNA in southern African blacks with hepatocellular carcinoma. *Proc Natl Acad Sci U S A* 90(5), 1848-51.

Bukh, J., Purcell, R. H., and Miller, R. H. (1992). Sequence analysis of the 5' noncoding region of hepatitis C virus. *Proc Natl Acad Sci U S A* 89(11), 4942-6.

Cabrera, R., Tu, Z., Xu, Y., Firpi, R. J., Rosen, H. R., Liu, C., and Nelson, D. R. (2004). An immunomodulatory role for CD4(+)CD25(+) regulatory T lymphocytes in hepatitis C virus infection. *Hepatology* 40(5), 1062-71.

Candotti, D., Temple, J., Sarkodie, F., and Allain, J. P. (2003). Frequent recovery and broad genotype 2 diversity characterize hepatitis C virus infection in Ghana, West Africa. *J Virol* 77(14), 7914-23.

Cantaloube, J. F., Gallian, P., Attoui, H., Biagini, P., De Micco, P., and de Lamballerie, X. (2005). Genotype distribution and molecular epidemiology of hepatitis C virus in blood donors from southeast France. *J Clin Microbiol* 43(8), 3624-9.

Carrere-Kremer, S., Montpellier-Pala, C., Cocquerel, L., Wychowski, C., Penin, F., and Dubuisson, J. (2002). Subcellular localization and topology of the p7 polypeptide of hepatitis C virus. *J Virol* 76(8), 3720-30.

Castillo, I., Pardo, M., Bartolome, J., Ortiz-Movilla, N., Rodriguez-Inigo, E., de Lucas, S., Salas, C., Jimenez-Heffernan, J. A., Perez-Mota, A., Graus, J., Lopez-Alcorocho, J. M., and Carreno, V. (2004). Occult hepatitis C virus infection in patients in whom the etiology of persistently abnormal results of liver-function tests is unknown. *J Infect Dis* 189(1), 7-14.

Castillo, I., Rodriguez-Inigo, E., Bartolome, J., de Lucas, S., Ortiz-Movilla, N., Lopez-Alcorocho, J. M., Pardo, M., and Carreno, V. (2005). Hepatitis C virus replicates in peripheral blood mononuclear cells of patients with occult hepatitis C virus infection. *Gut* 54(5), 682-5.

Chang, K. S., Jiang, J., Cai, Z., and Luo, G. (2007). Human apolipoprotein e is required for infectivity and production of hepatitis C virus in cell culture. *J Virol* 81(24), 13783-93.

Chemmanur, A. T., and Wu, G. Y. (2006). Drug evaluation: Albuferon-alpha--an antiviral interferon-alpha/albumin fusion protein. *Curr Opin Investig Drugs* 7(8), 750-8.

Chen, T. M., and Tung, J. N. (2009). Older age per se has negative effect on hepatitis C patients treated with peginterferon and ribavirin. *Am J Gastroenterol* 104(8), 2117-9.

Cheung, R. C. (2000). Epidemiology of hepatitis C virus infection in American veterans. *Am J Gastroenterol* 95(3), 740-7.

Chien, A., Edgar, D. B., and Trela, J. M. (1976). Deoxyribonucleic acid polymerase from the extreme thermophile Thermus aquaticus. *J Bacteriol* 127(3), 1550-7.

Choo, Q. L., Kuo, G., Weiner, A. J., Overby, L. R., Bradley, D. W., and Houghton, M. (1989). Isolation of a cDNA clone derived from a blood-borne non-A, non-B viral hepatitis genome. *Science* 244(4902), 359-62.

Ciczora, Y., Callens, N., Penin, F., Pecheur, E. I., and Dubuisson, J. (2007). Transmembrane domains of hepatitis C virus envelope glycoproteins: residues involved in E1E2 heterodimerization and involvement of these domains in virus entry. *J Virol* 81(5), 2372-81.

Codran, A., Royer, C., Jaeck, D., Bastien-Valle, M., Baumert, T. F., Kieny, M. P., Pereira, C. A., and Martin, J. P. (2006). Entry of hepatitis C virus pseudotypes into primary human hepatocytes by clathrin-dependent endocytosis. *J Gen Virol* 87(Pt 9), 2583-93.

Coelmont, L., Kaptein, S., Paeshuyse, J., Vliegen, I., Dumont, J. M., Vuagniaux, G., and Neyts, J. (2009). Debio 025, a cyclophilin binding molecule, is highly efficient in clearing hepatitis C virus (HCV) replicon-containing cells when used alone or in combination with specifically targeted antiviral therapy for HCV (STAT-C) inhibitors. *Antimicrob Agents Chemother* 53(3), 967-76.

Colina, R., Casane, D., Vasquez, S., Garcia-Aguirre, L., Chunga, A., Romero, H., Khan, B., and Cristina, J. (2004). Evidence of intratypic recombination in natural populations of hepatitis C virus. *J Gen Virol* 85(Pt 1), 31-7.

Collier, A. J., Tang, S., and Elliott, R. M. (1998). Translation efficiencies of the 5' untranslated region from representatives of the six major genotypes of hepatitis C virus using a novel bicistronic reporter assay system. *J Gen Virol* 79 (Pt 10), 2359-66.

Combet, C., Garnier, N., Charavay, C., Grando, D., Crisan, D., Lopez, J., Dehne-Garcia, A., Geourjon, C., Bettler, E., Hulo, C., Le Mercier, P., Bartenschlager, R., Diepolder, H., Moradpour, D., Pawlotsky, J. M., Rice, C. M., Trepo, C., Penin, F., and Deleage, G. (2007).

euHCVdb: the European hepatitis C virus database. *Nucleic Acids Res* 35(Database issue), D363-6.

Conjeevaram, H. S., Fried, M. W., Jeffers, L. J., Terrault, N. A., Wiley-Lucas, T. E., Afdhal, N., Brown, R. S., Belle, S. H., Hoofnagle, J. H., Kleiner, D. E., and Howell, C. D. (2006). Peginterferon and ribavirin treatment in African American and Caucasian American patients with hepatitis C genotype 1. *Gastroenterology* 131(2), 470-7.

Corey, K. E., Ross, A. S., Wurcel, A., Schulze Zur Wiesch, J., Kim, A. Y., Lauer, G. M., and Chung, R. T. (2006). Outcomes and treatment of acute hepatitis C virus infection in a United States population. *Clin Gastroenterol Hepatol* 4(10), 1278-82.

Cox, A. L., Mosbruger, T., Mao, Q., Liu, Z., Wang, X. H., Yang, H. C., Sidney, J., Sette, A., Pardoll, D., Thomas, D. L., and Ray, S. C. (2005). Cellular immune selection with hepatitis C virus persistence in humans. *J Exp Med* 201(11), 1741-52.

Craxi, A. (2004). Early virologic response with pegylated interferons. *Dig Liver Dis* 36 Suppl 3, S340-3.

Crispe, I. N. (2003). Hepatic T cells and liver tolerance. *Nat Rev Immunol* 3(1), 51-62.

Cristina, J., and Colina, R. (2006). Evidence of structural genomic region recombination in Hepatitis C virus. *Virol J* 3, 53.

Crotta, S., Stilla, A., Wack, A., D'Andrea, A., Nuti, S., D'Oro, U., Mosca, M., Filliponi, F., Brunetto, R. M., Bonino, F., Abrignani, S., and Valiante, N. M. (2002). Inhibition of natural killer cells through engagement of CD81 by the major hepatitis C virus envelope protein. *J Exp Med* 195(1), 35-41.

Dai, C. Y., Huang, J. F., Hsieh, M. Y., Hou, N. J., Lin, Z. Y., Chen, S. C., Wang, L. Y., Chang, W. Y., Chuang, W. L., and Yu, M. L. (2009). Insulin resistance predicts response to peginterferon-alpha/ribavirin combination therapy in chronic hepatitis C patients. *J Hepatol* 50(4), 712-8.

Davis, G. L. (2006). Tailoring antiviral therapy in hepatitis C. *Hepatology* 43(5), 909-11.

Della Bella, S., Crosignani, A., Riva, A., Presicce, P., Benetti, A., Longhi, R., Podda, M., and Villa, M. L. (2007). Decrease and dysfunction of dendritic cells correlate with impaired hepatitis C virus-specific CD4+ T-cell proliferation in patients with hepatitis C virus infection. *Immunology* 121(2), 283-92.

Di Bisceglie, A. M., Conjeevaram, H. S., Fried, M. W., Sallie, R., Park, Y., Yurdaydin, C., Swain, M., Kleiner, D. E., Mahaney, K., and Hoofnagle, J. H. (1995). Ribavirin as therapy for chronic hepatitis C. A randomized, double-blind, placebo-controlled trial. *Ann Intern Med* 123(12), 897-903.

Di Martino, V., Brenot, C., Samuel, D., Saurini, F., Paradis, V., Reynes, M., Bismuth, H., and Feray, C. (2000). Influence of liver hepatitis C virus RNA and hepatitis C virus genotype on FAS-mediated apoptosis after liver transplantation for hepatitis C. *Transplantation* 70(9), 1390-6.

Dixit, N. M., Layden-Almer, J. E., Layden, T. J., and Perelson, A. S. (2004). Modelling how ribavirin improves interferon response rates in hepatitis C virus infection. *Nature* 432(7019), 922-4.

Djebbi, A., Mejri, S., Thiers, V., and Triki, H. (2004). Phylogenetic analysis of hepatitis C virus isolates from Tunisian patients. *Eur J Epidemiol* 19(6), 555-62.

Djebbi, A., Triki, H., Bahri, O., Cheikh, I., Sadraoui, A., Ben Ammar, A., and Dellagi, K. (2003). Genotypes of hepatitis C virus circulating in Tunisia. *Epidemiol Infect* 130(3), 501-5.

Doherty, D. G., and O'Farrelly, C. (2000). Innate and adaptive lymphoid cells in the human liver. *Immunol Rev* 174, 5-20.

Dolganiuc, A., Chang, S., Kodys, K., Mandrekar, P., Bakis, G., Cormier, M., and Szabo, G. (2006). Hepatitis C virus (HCV) core protein-induced, monocyte-mediated mechanisms of reduced IFN-alpha and plasmacytoid dendritic cell loss in chronic HCV infection. *J Immunol* 177(10), 6758-68.

Dolganiuc, A., Kodys, K., Kopasz, A., Marshall, C., Do, T., Romics, L., Jr., Mandrekar, P., Zapp, M., and Szabo, G. (2003). Hepatitis C virus core and nonstructural protein 3 proteins induce pro- and anti-inflammatory cytokines and inhibit dendritic cell differentiation. *J Immunol* 170(11), 5615-24.

Domingo, E., Baranowski, E., Ruiz-Jarabo, C. M., Martin-Hernandez, A. M., Saiz, J. C., and Escarmis, C. (1998). Quasispecies structure and persistence of RNA viruses. *Emerg Infect Dis* 4(4), 521-7.

Domingo, E., and Gomez, J. (2007). Quasispecies and its impact on viral hepatitis. *Virus Res* 127(2), 131-50.

Drummond, A. J., Rambaut, A., Shapiro, B., and Pybus, O. G. (2005). Bayesian coalescent inference of past population dynamics from molecular sequences. *Mol Biol Evol* 22(5), 1185-92.

Dubuisson, J., Duvet, S., Meunier, J. C., Op De Beeck, A., Cacan, R., Wychowski, C., and Cocquerel, L. (2000). Glycosylation of the hepatitis C virus envelope protein E1 is dependent on the presence of a downstream sequence on the viral polyprotein. *J Biol Chem* 275(39), 30605-9.

Ducoulombier, D., Roque-Afonso, A. M., Di Liberto, G., Penin, F., Kara, R., Richard, Y., Dussaix, E., and Feray, C. (2004). Frequent compartmentalization of hepatitis C virus variants in circulating B cells and monocytes. *Hepatology* 39(3), 817-25.

Durantel, D., Alotte, C., and Zoulim, F. (2007). Glucosidase inhibitors as antiviral agents for hepatitis B and C. *Curr Opin Investig Drugs* 8(2), 125-9.

Dustin, L. B., and Rice, C. M. (2007). Flying under the radar: the immunobiology of hepatitis C. *Annu Rev Immunol* 25, 71-99.

EASL (2012). 2011 European Association of the Study of the Liver hepatitis C virus clinical practice guidelines. *Liver Int* 32 Suppl 1, 2-8.

Efron, B., Halloran, E., and Holmes, S. (1996). Bootstrap confidence levels for phylogenetic trees. *Proc Natl Acad Sci U S A* 93(14), 7085-90.

Egger, D., Wolk, B., Gosert, R., Bianchi, L., Blum, H. E., Moradpour, D., and Bienz, K. (2002). Expression of hepatitis C virus proteins induces distinct membrane alterations including a candidate viral replication complex. *J Virol* 76(12), 5974-84.

Elasifer, H. A., Agnnyia, Y. M., Al-Alagi, B. A., and Daw, M. A. (2010). Epidemiological manifestations of hepatitis C virus genotypes and its association with potential risk factors among Libyan patients. *Virol J* 7, 317.

Elmowalid, G. A., Qiao, M., Jeong, S. H., Borg, B. B., Baumert, T. F., Sapp, R. K., Hu, Z., Murthy, K., and Liang, T. J. (2007). Immunization with hepatitis C virus-like particles results in control of hepatitis C virus infection in chimpanzees. *Proc Natl Acad Sci U S A* 104(20), 8427-32.

Erickson, A. L., Kimura, Y., Igarashi, S., Eichelberger, J., Houghton, M., Sidney, J., McKinney, D., Sette, A., Hughes, A. L., and Walker, C. M. (2001). The outcome of hepatitis C virus infection is predicted by escape mutations in epitopes targeted by cytotoxic T lymphocytes. *Immunity* 15(6), 883-95.

Evans, M. J., Rice, C. M., and Goff, S. P. (2004). Phosphorylation of hepatitis C virus nonstructural protein 5A modulates its protein interactions and viral RNA replication. *Proc Natl Acad Sci U S A* 101(35), 13038-43.

Evans, M. J., von Hahn, T., Tscherne, D. M., Syder, A. J., Panis, M., Wolk, B., Hatziioannou, T., McKeating, J. A., Bieniasz, P. D., and Rice, C. M. (2007). Claudin-1 is a hepatitis C virus co-receptor required for a late step in entry. *Nature* 446(7137), 801-5.

Falck-Ytter, Y., Kale, H., Mullen, K. D., Sarbah, S. A., Sorescu, L., and McCullough, A. J. (2002). Surprisingly small effect of antiviral treatment in patients with hepatitis C. *Ann Intern Med* 136(4), 288-92.

Farci, P., Alter, H. J., Wong, D. C., Miller, R. H., Govindarajan, S., Engle, R., Shapiro, M., and Purcell, R. H. (1994). Prevention of hepatitis C virus infection in chimpanzees after antibody-mediated in vitro neutralization. *Proc Natl Acad Sci U S A* 91(16), 7792-6.

Feray, C., Gigou, M., Samuel, D., Paradis, V., Mishiro, S., Maertens, G., Reynes, M., Okamoto, H., Bismuth, H., and Brechot, C. (1995). Influence of the genotypes of hepatitis C virus on the severity of recurrent liver disease after liver transplantation. *Gastroenterology* 108(4), 1088-96.

Figlerowicz, M., Alejska, M., and Kurzynska-Kokorniak, A. (2003). Genetic variability: the key problem in the prevention and therapy of RNA-based virus infections. *Med Res Rev* 23(4), 488-518.

Flint, M., Maidens, C., Loomis-Price, L. D., Shotton, C., Dubuisson, J., Monk, P., Higginbottom, A., Levy, S., and McKeating, J. A. (1999). Characterization of hepatitis C virus E2 glycoprotein interaction with a putative cellular receptor, CD81. *J Virol* 73(8), 6235-44.

Flint, M., and McKeating, J. A. (2000). The role of the hepatitis C virus glycoproteins in infection. *Rev Med Virol* 10(2), 101-17.

Forns, X., Maluenda, M. D., Lopez-Labrador, F. X., Ampurdanes, S., Olmedo, E., Costa, J., Simmonds, P., Sanchez-Tapias, J. M., Jimenez De Anta, M. T., and Rodes, J. (1996). Comparative study of three methods for genotyping hepatitis C virus strains in samples from Spanish patients. *J Clin Microbiol* 34(10), 2516-21.

Foy, E., Li, K., Sumpter, R., Jr., Loo, Y. M., Johnson, C. L., Wang, C., Fish, P. M., Yoneyama, M., Fujita, T., Lemon, S. M., and Gale, M., Jr. (2005). Control of antiviral defenses through hepatitis C virus disruption of retinoic acid-inducible gene-I signaling. *Proc Natl Acad Sci U S A* 102(8), 2986-91.

Frank, C., Mohamed, M. K., Strickland, G. T., Lavanchy, D., Arthur, R. R., Magder, L. S., El Khoby, T., Abdel-Wahab, Y., Aly Ohn, E. S., Anwar, W., and Sallam, I. (2000). The role of parenteral antischistosomal therapy in the spread of hepatitis C virus in Egypt. *Lancet* 355(9207), 887-91.

Fraser, C. S., and Doudna, J. A. (2007). Structural and mechanistic insights into hepatitis C viral translation initiation. *Nat Rev Microbiol* 5(1), 29-38.

Frese, M., Schwarzle, V., Barth, K., Krieger, N., Lohmann, V., Mihm, S., Haller, O., and Bartenschlager, R. (2002). Interferon-gamma inhibits replication of subgenomic and genomic hepatitis C virus RNAs. *Hepatology* 35(3), 694-703.

Friebe, P., and Bartenschlager, R. (2002). Genetic analysis of sequences in the 3' nontranslated region of hepatitis C virus that are important for RNA replication. *J Virol* 76(11), 5326-38.

Friebe, P., Boudet, J., Simorre, J. P., and Bartenschlager, R. (2005). Kissing-loop interaction in the 3' end of the hepatitis C virus genome essential for RNA replication. *J Virol* 79(1), 380-92.

Fried, M. W., Shiffman, M. L., Reddy, K. R., Smith, C., Marinos, G., Goncales, F. L., Jr., Haussinger, D., Diago, M., Carosi, G., Dhumeaux, D., Craxi, A., Lin, A., Hoffman, J., and Yu, J. (2002). Peginterferon alfa-2a plus ribavirin for chronic hepatitis C virus infection. *N Engl J Med* 347(13), 975-82.

Fujie, H., Yotsuyanagi, H., Moriya, K., Shintani, Y., Tsutsumi, T., Takayama, T., Makuuchi, M., Matsuura, Y., Miyamura, T., Kimura, S., and Koike, K. (1999). Steatosis and intrahepatic hepatitis C virus in chronic hepatitis. *J Med Virol* 59(2), 141-5.

Gane, E. J., Portmann, B. C., Naoumov, N. V., Smith, H. M., Underhill, J. A., Donaldson, P. T., Maertens, G., and Williams, R. (1996). Long-term outcome of hepatitis C infection after liver transplantation. *N Engl J Med* 334(13), 815-20.

Gao, F., Nainan, O. V., Khudyakov, Y., Li, J., Hong, Y., Gonzales, A. C., Spelbring, J., and Margolis, H. S. (2007). Recombinant hepatitis C virus in experimentally infected chimpanzees. *J Gen Virol* 88(Pt 1), 143-7.

Ge, D., Fellay, J., Thompson, A. J., Simon, J. S., Shianna, K. V., Urban, T. J., Heinzen, E. L., Qiu, P., Bertelsen, A. H., Muir, A. J., Sulkowski, M., McHutchison, J. G., and Goldstein, D. B. (2009). Genetic variation in IL28B predicts hepatitis C treatment-induced viral clearance. *Nature* 461(7262), 399-401.

George, S. L., Bacon, B. R., Brunt, E. M., Mihindukulasuriya, K. L., Hoffmann, J., and Di Bisceglie, A. M. (2009). Clinical, virologic, histologic, and biochemical outcomes after successful HCV therapy: a 5-year follow-up of 150 patients. *Hepatology* 49(3), 729-38.

Gerlach, J. T., Diepolder, H. M., Jung, M. C., Gruener, N. H., Schraut, W. W., Zachoval, R., Hoffmann, R., Schirren, C. A., Santantonio, T., and Pape, G. R. (1999). Recurrence of hepatitis C virus after loss of virus-specific CD4(+) T-cell response in acute hepatitis C. *Gastroenterology* 117(4), 933-41.

Ghany, M. G., Kleiner, D. E., Alter, H., Doo, E., Khokar, F., Promrat, K., Herion, D., Park, Y., Liang, T. J., and Hoofnagle, J. H. (2003). Progression of fibrosis in chronic hepatitis C. *Gastroenterology* 124(1), 97-104.

Gish, R. G., Arora, S., Rajender Reddy, K., Nelson, D. R., O'Brien, C., Xu, Y., and Murphy, B. (2007). Virological response and safety outcomes in therapy-nai ve patients treated for chronic hepatitis C with taribavirin or ribavirin in combination with pegylated interferon alfa-2a: a randomized, phase 2 study. *J Hepatol* 47(1), 51-9.

Goutagny, N., Fatmi, A., De Ledinghen, V., Penin, F., Couzigou, P., Inchauspe, G., and Bain, C. (2003). Evidence of viral replication in circulating dendritic cells during hepatitis C virus infection. *J Infect Dis* 187(12), 1951-8.

Hadziyannis, S. J., Sette, H., Jr., Morgan, T. R., Balan, V., Diago, M., Marcellin, P., Ramadori, G., Bodenheimer, H., Jr., Bernstein, D., Rizzetto, M., Zeuzem, S., Pockros, P. J., Lin, A., and Ackrill, A. M. (2004). Peginterferon-alpha2a and ribavirin combination therapy in chronic hepatitis C: a randomized study of treatment duration and ribavirin dose. *Ann Intern Med* 140(5), 346-55.

Halfon, P., Trimoulet, P., Bourliere, M., Khiri, H., de Ledinghen, V., Couzigou, P., Feryn, J. M., Alcaraz, P., Renou, C., Fleury, H. J., and Ouzan, D. (2001). Hepatitis C virus genotyping based on 5' noncoding sequence analysis (Trugene). *J Clin Microbiol* 39(5), 1771-3.

Haushofer, A. C., Kopty, C., Hauer, R., Brunner, H., and Halbmayer, W. M. (2001). HCV genotypes and age distribution in patients of Vienna and surrounding areas. *J Clin Virol* 20(1-2), 41-7.

He, X. S., Rehermann, B., Lopez-Labrador, F. X., Boisvert, J., Cheung, R., Mumm, J., Wedemeyer, H., Berenguer, M., Wright, T. L., Davis, M. M., and Greenberg, H. B. (1999). Quantitative analysis of hepatitis C virus-specific CD8(+) T cells in peripheral blood and liver using peptide-MHC tetramers. *Proc Natl Acad Sci U S A* 96(10), 5692-7.

Heinz, F. X., and Allison, S. L. (2000). Structures and mechanisms in flavivirus fusion. *Adv Virus Res* 55, 231-69.

Henderson, E. (2001). Three-dimensional model of Hepatitis C Virus. *The PRN Notebook.*

Hezode, C., Forestier, N., Dusheiko, G., Ferenci, P., Pol, S., Goeser, T., Bronowicki, J. P., Bourliere, M., Gharakhanian, S., Bengtsson, L., McNair, L., George, S., Kieffer, T., Kwong, A., Kauffman, R. S., Alam, J., Pawlotsky, J. M., and Zeuzem, S. (2009). Telaprevir and peginterferon with or without ribavirin for chronic HCV infection. *N Engl J Med* 360(18), 1839-50.

Holmes, E. C. (2004). The phylogeography of human viruses. *Mol Ecol* 13(4), 745-56.

Honda, M., Brown, E. A., and Lemon, S. M. (1996). Stability of a stem-loop involving the initiator AUG controls the efficiency of internal initiation of translation on hepatitis C virus RNA. *RNA* 2(10), 955-68.

Hong, Z., Cameron, C. E., Walker, M. P., Castro, C., Yao, N., Lau, J. Y., and Zhong, W. (2001). A novel mechanism to ensure terminal initiation by hepatitis C virus NS5B polymerase. *Virology* 285(1), 6-11.

Hoofnagle, J. H. (1997). Hepatitis C: the clinical spectrum of disease. *Hepatology* 26(3 Suppl 1), 15S-20S.

Hourioux, C., Ait-Goughoulte, M., Patient, R., Fouquenet, D., Arcanger-Doudet, F., Brand, D., Martin, A., and Roingeard, P. (2007). Core protein domains involved in hepatitis C virus-like particle assembly and budding at the endoplasmic reticulum membrane. *Cell Microbiol* 9(4), 1014-27.

Hraber, P. T., Fischer, W., Bruno, W. J., Leitner, T., and Kuiken, C. (2006). Comparative analysis of hepatitis C virus phylogenies from coding and non-coding regions: the 5' untranslated region (UTR) fails to classify subtypes. *Virol J* 3, 103.

Huang, H., Sun, F., Owen, D. M., Li, W., Chen, Y., Gale, M., Jr., and Ye, J. (2007). Hepatitis C virus production by human hepatocytes dependent on assembly and secretion of very low-density lipoproteins. *Proc Natl Acad Sci U S A* 104(14), 5848-53.

Huang, Z., Murray, M. G., and Secrist, J. A., 3rd (2006). Recent development of therapeutics for chronic HCV infection. *Antiviral Res* 71(2-3), 351-62.

Imbert-Bismut, F., Ratziu, V., Pieroni, L., Charlotte, F., Benhamou, Y., and Poynard, T. (2001). Biochemical markers of liver fibrosis in patients with hepatitis C virus infection: a prospective study. *Lancet* 357(9262), 1069-75.

Ishido, S., Fujita, T., and Hotta, H. (1998). Complex formation of NS5B with NS3 and NS4A proteins of hepatitis C virus. *Biochem Biophys Res Commun* 244(1), 35-40.

Izopet, J., Rostaing, L., Moussion, F., Alric, L., Dubois, M., That, H. T., Payen, J. L., Duffaut, M., Durand, D., Suc, J. M., and Puel, J. (1997). High rate of hepatitis C virus clearance in hemodialysis patients after interferon-alpha therapy. *J Infect Dis* 176(6), 1614-7.

Jin, L., and Nei, M. (1990). Limitations of the evolutionary parsimony method of phylogenetic analysis. *Mol Biol Evol* 7(1), 82-102.

Jinushi, M., Takehara, T., Kanto, T., Tatsumi, T., Groh, V., Spies, T., Miyagi, T., Suzuki, T., Sasaki, Y., and Hayashi, N. (2003). Critical role of MHC class I-related chain A and B expression on IFN-alpha-stimulated dendritic cells in NK cell activation: impairment in chronic hepatitis C virus infection. *J Immunol* 170(3), 1249-56.

Jinushi, M., Takehara, T., Tatsumi, T., Kanto, T., Miyagi, T., Suzuki, T., Kanazawa, Y., Hiramatsu, N., and Hayashi, N. (2004). Negative regulation of NK cell activities by inhibitory receptor CD94/NKG2A leads to altered NK cell-induced modulation of dendritic cell functions in chronic hepatitis C virus infection. *J Immunol* 173(10), 6072-81.

Johnson, C. L., and Gale, M., Jr. (2006). CARD games between virus and host get a new player. *Trends Immunol* 27(1), 1-4.

Kageyama, S., Agdamag, D. M., Alesna, E. T., Leano, P. S., Heredia, A. M., Abellanosa-Tac-An, I. P., Jereza, L. D., Tanimoto, T., Yamamura, J., and Ichimura, H. (2006). A natural inter-genotypic (2b/1b) recombinant of hepatitis C virus in the Philippines. *J Med Virol* 78(11), 1423-8.

Kalinina, O., Norder, H., Mukomolov, S., and Magnius, L. O. (2002). A natural intergenotypic recombinant of hepatitis C virus identified in St. Petersburg. *J Virol* 76(8), 4034-43.

Kamel, M. A., Ghaffar, Y. A., Wasef, M. A., Wright, M., Clark, L. C., and Miller, F. D. (1992). High HCV prevalence in Egyptian blood donors. *Lancet* 340(8816), 427.

Kanto, T., and Hayashi, N. (2006). Immunopathogenesis of hepatitis C virus infection: multifaceted strategies subverting innate and adaptive immunity. *Intern Med* 45(4), 183-91.

Kapadia, S. B., and Chisari, F. V. (2005). Hepatitis C virus RNA replication is regulated by host geranylgeranylation and fatty acids. *Proc Natl Acad Sci U S A* 102(7), 2561-6.

Kaplan, D. E., Sugimoto, K., Newton, K., Valiga, M. E., Ikeda, F., Aytaman, A., Nunes, F. A., Lucey, M. R., Vance, B. A., Vonderheide, R. H., Reddy, K. R., McKeating, J. A., and Chang, K. M. (2007). Discordant role of CD4 T-cell response relative to neutralizing antibody and CD8 T-cell responses in acute hepatitis C. *Gastroenterology* 132(2), 654-66.

Kato, T., Date, T., Miyamoto, M., Furusaka, A., Tokushige, K., Mizokami, M., and Wakita, T. (2003). Efficient replication of the genotype 2a hepatitis C virus subgenomic replicon. *Gastroenterology* 125(6), 1808-17.

Keeffe, E. B., and Rossignol, J. F. (2009). Treatment of chronic viral hepatitis with nitazoxanide and second generation thiazolides. *World J Gastroenterol* 15(15), 1805-8.

Kew, M. C. (1998). Hepatitis viruses and hepatocellular carcinoma. *Res Virol* 149(5), 257-62.

Khakoo, S. I., Thio, C. L., Martin, M. P., Brooks, C. R., Gao, X., Astemborski, J., Cheng, J., Goedert, J. J., Vlahov, D., Hilgartner, M., Cox, S., Little, A. M., Alexander, G. J., Cramp, M. E., O'Brien, S. J., Rosenberg, W. M., Thomas, D. L., and Carrington, M. (2004). HLA and NK cell inhibitory receptor genes in resolving hepatitis C virus infection. *Science* 305(5685), 872-4.

Kim, A. Y., Schulze zur Wiesch, J., Kuntzen, T., Timm, J., Kaufmann, D. E., Duncan, J. E., Jones, A. M., Wurcel, A. G., Davis, B. T., Gandhi, R. T., Robbins, G. K., Allen, T. M., Chung, R. T., Lauer, G. M., and Walker, B. D. (2006). Impaired hepatitis C virus-specific T cell responses and recurrent hepatitis C virus in HIV coinfection. *PLoS Med* 3(12), e492.

Kimura, M. (1980). A simple method for estimating evolutionary rates of base substitutions through comparative studies of nucleotide sequences. *J Mol Evol* 16(2), 111-20.

Kittlesen, D. J., Chianese-Bullock, K. A., Yao, Z. Q., Braciale, T. J., and Hahn, Y. S. (2000). Interaction between complement receptor gC1qR and hepatitis C virus core protein inhibits T-lymphocyte proliferation. *J Clin Invest* 106(10), 1239-49.

Kolykhalov, A. A., Agapov, E. V., Blight, K. J., Mihalik, K., Feinstone, S. M., and Rice, C. M. (1997). Transmission of hepatitis C by intrahepatic inoculation with transcribed RNA. *Science* 277(5325), 570-4.

Konishi, I., Horiike, N., Hiasa, Y., Tokumoto, Y., Mashiba, T., Michitaka, K., Miyake, Y., Nonaka, S., Joukou, K., Matsuura, B., and Onji, M. (2007). Diabetes mellitus reduces the therapeutic effectiveness of interferon-alpha2b plus ribavirin therapy in patients with chronic hepatitis C. *Hepatol Res* 37(5), 331-6.

Kuiken, C., Combet, C., Bukh, J., Shin, I. T., Deleage, G., Mizokami, M., Richardson, R., Sablon, E., Yusim, K., Pawlotsky, J. M., and Simmonds, P. (2006). A comprehensive system for consistent numbering of HCV sequences, proteins and epitopes. *Hepatology* 44(5), 1355-61.

Kuiken, C., and Simmonds, P. (2009). Nomenclature and numbering of the hepatitis C virus. *Methods Mol Biol* 510, 33-53.

Kuiken, C., Yusim, K., Boykin, L., and Richardson, R. (2005). The Los Alamos hepatitis C sequence database. *Bioinformatics* 21(3), 379-84.

Kumar, D., Farrell, G. C., Fung, C., and George, J. (2002). Hepatitis C virus genotype 3 is cytopathic to hepatocytes: Reversal of hepatic steatosis after sustained therapeutic response. *Hepatology* 36(5), 1266-72.

Kunkel, M., Lorinczi, M., Rijnbrand, R., Lemon, S. M., and Watowich, S. J. (2001). Self-assembly of nucleocapsid-like particles from recombinant hepatitis C virus core protein. *J Virol* 75(5), 2119-29.

Kurbanov, F., Tanaka, Y., Avazova, D., Khan, A., Sugauchi, F., Kan, N., Kurbanova-Khudayberganova, D., Khikmatullaeva, A., Musabaev, E., and Mizokami, M. (2008a). Detection of hepatitis C virus natural recombinant RF1_2k/1b strain among intravenous drug users in Uzbekistan. *Hepatol Res* 38(5), 457-464.

Kurbanov, F., Tanaka, Y., Chub, E., Maruyama, I., Azlarova, A., Kamitsukasa, H., Ohno, T., Bonetto, S., Moreau, I., Fanning, L. J., Legrand-Abravanel, F., Izopet, J., Naoumov, N., Shimada, T., Netesov, S., and Mizokami, M. (2008b). Molecular epidemiology and interferon susceptibility of the natural recombinant hepatitis C virus strain RF1_2k/1b. *J Infect Dis* 198(10), 1448-56.

Lagging, L. M., Meyer, K., Owens, R. J., and Ray, R. (1998). Functional role of hepatitis C virus chimeric glycoproteins in the infectivity of pseudotyped virus. *J Virol* 72(5), 3539-46.

Lahlou Amine, I., Zouhair, S., Chegri, M., and L'Kassmi, H. (2010). [Seroprevalence of anti-HCV in patients of the Military Hospital Moulay Ismail (Meknes, Morocco): Data analysis of the medical biology laboratory (2002-2005)]. *Bull Soc Pathol Exot* 103(4), 255-8.

Laskus, T., Radkowski, M., Bednarska, A., Wilkinson, J., Adair, D., Nowicki, M., Nikolopoulou, G. B., Vargas, H., and Rakela, J. (2002). Detection and analysis of hepatitis C virus sequences in cerebrospinal fluid. *J Virol* 76(19), 10064-8.

Lau, A. H., and Thomson, A. W. (2003). Dendritic cells and immune regulation in the liver. *Gut* 52(2), 307-14.

Lau, J. Y., Tam, R. C., Liang, T. J., and Hong, Z. (2002). Mechanism of action of ribavirin in the combination treatment of chronic HCV infection. *Hepatology* 35(5), 1002-9.

Lauer, G. M., Barnes, E., Lucas, M., Timm, J., Ouchi, K., Kim, A. Y., Day, C. L., Robbins, G. K., Casson, D. R., Reiser, M., Dusheiko, G., Allen, T. M., Chung, R. T., Walker, B. D., and Klenerman, P. (2004). High resolution analysis of cellular immune responses in resolved and persistent hepatitis C virus infection. *Gastroenterology* 127(3), 924-36.

Lauer, G. M., and Walker, B. D. (2001). Hepatitis C virus infection. *N Engl J Med* 345(1), 41-52.

Lawitz, E., Rodriguez-Torres, M., Muir, A. J., Kieffer, T. L., McNair, L., Khunvichai, A., and McHutchison, J. G. (2008). Antiviral effects and safety of telaprevir, peginterferon alfa-2a, and ribavirin for 28 days in hepatitis C patients. *J Hepatol* 49(2), 163-9.

Lechner, F., Wong, D. K., Dunbar, P. R., Chapman, R., Chung, R. T., Dohrenwend, P., Robbins, G., Phillips, R., Klenerman, P., and Walker, B. D. (2000). Analysis of successful immune responses in persons infected with hepatitis C virus. *J Exp Med* 191(9), 1499-512.

Lee, Y. M., Lin, H. J., Chen, Y. J., Lee, C. M., Wang, S. F., Chang, K. Y., Chen, T. L., Liu, H. F., and Chen, Y. M. (2010). Molecular epidemiology of HCV genotypes among injection drug users in Taiwan: Full-length sequences of two new subtype 6w strains and a recombinant form_2b6w. *J Med Virol* 82(1), 57-68.

Legrand-Abravanel, F., Claudinon, J., Nicot, F., Dubois, M., Chapuy-Regaud, S., Sandres-Saune, K., Pasquier, C., and Izopet, J. (2007). New natural intergenotypic (2/5) recombinant of hepatitis C virus. *J Virol* 81(8), 4357-62.

Lemey, P., Rambaut, A., Drummond, A. J., and Suchard, M. A. (2009). Bayesian phylogeography finds its roots. *PLoS Comput Biol* 5(9), e1000520.

Lesburg, C. A., Cable, M. B., Ferrari, E., Hong, Z., Mannarino, A. F., and Weber, P. C. (1999). Crystal structure of the RNA-dependent RNA polymerase from hepatitis C virus reveals a fully encircled active site. *Nat Struct Biol* 6(10), 937-43.

Levraud, J. P., Boudinot, P., Colin, I., Benmansour, A., Peyrieras, N., Herbomel, P., and Lutfalla, G. (2007). Identification of the zebrafish IFN receptor: implications for the origin of the vertebrate IFN system. *J Immunol* 178(7), 4385-94.

Li, J. S., Tong, S. P., Vitvitski, L., and Trepo, C. (1995). Single-step nested polymerase chain reaction for detection of different genotypes of hepatitis C virus. *J Med Virol* 45(2), 151-5.

Li, K., Foy, E., Ferreon, J. C., Nakamura, M., Ferreon, A. C., Ikeda, M., Ray, S. C., Gale, M., Jr., and Lemon, S. M. (2005). Immune evasion by hepatitis C virus NS3/4A protease-mediated cleavage of the Toll-like receptor 3 adaptor protein TRIF. *Proc Natl Acad Sci U S A* 102(8), 2992-7.

Lindenbach, B. D., Evans, M. J., Syder, A. J., Wolk, B., Tellinghuisen, T. L., Liu, C. C., Maruyama, T., Hynes, R. O., Burton, D. R., McKeating, J. A., and Rice, C. M. (2005). Complete replication of hepatitis C virus in cell culture. *Science* 309(5734), 623-6.

Liu, S., Yang, W., Shen, L., Turner, J. R., Coyne, C. B., and Wang, T. (2009). Tight junction proteins claudin-1 and occludin control hepatitis C virus entry and are downregulated during infection to prevent superinfection. *J Virol* 83(4), 2011-4.

Liu, W. L., Su, W. C., Cheng, C. W., Hwang, L. H., Wang, C. C., Chen, H. L., Chen, D. S., and Lai, M. Y. (2007). Ribavirin up-regulates the activity of double-stranded RNA-activated protein kinase and enhances the action of interferon-alpha against hepatitis C virus. *J Infect Dis* 196(3), 425-34.

Logvinoff, C., Major, M. E., Oldach, D., Heyward, S., Talal, A., Balfe, P., Feinstone, S. M., Alter, H., Rice, C. M., and McKeating, J. A. (2004). Neutralizing antibody response during acute and chronic hepatitis C virus infection. *Proc Natl Acad Sci U S A* 101(27), 10149-54.

Lohmann, V., Korner, F., Koch, J., Herian, U., Theilmann, L., and Bartenschlager, R. (1999). Replication of subgenomic hepatitis C virus RNAs in a hepatoma cell line. *Science* 285(5424), 110-3.

Lopez-Labrador, F. X., Ampurdanes, S., Forns, X., Castells, A., Saiz, J. C., Costa, J., Bruix, J., Sanchez Tapias, J. M., Jimenez de Anta, M. T., and Rodes, J. (1997). Hepatitis C virus (HCV) genotypes in Spanish patients with HCV infection: relationship between HCV genotype 1b, cirrhosis and hepatocellular carcinoma. *J Hepatol* 27(6), 959-65.

Lorenz, I. C., Marcotrigiano, J., Dentzer, T. G., and Rice, C. M. (2006). Structure of the catalytic domain of the hepatitis C virus NS2-3 protease. *Nature* 442(7104), 831-5.

Lu, L., Nakano, T., He, Y., Fu, Y., Hagedorn, C. H., and Robertson, B. H. (2005). Hepatitis C virus genotype distribution in China: predominance of closely related subtype 1b isolates and existence of new genotype 6 variants. *J Med Virol* 75(4), 538-49.

Lucas, M., Vargas-Cuero, A. L., Lauer, G. M., Barnes, E., Willberg, C. B., Semmo, N., Walker, B. D., Phillips, R., and Klenerman, P. (2004). Pervasive influence of hepatitis C virus on the phenotype of antiviral CD8+ T cells. *J Immunol* 172(3), 1744-53.

Luxon, B. A., Grace, M., Brassard, D., and Bordens, R. (2002). Pegylated interferons for the treatment of chronic hepatitis C infection. *Clin Ther* 24(9), 1363-83.

Lvov, D. K., Samokhvalov, E. I., Tsuda, F., Selivanov, N. A., Okamoto, H., Stakhanova, V. M., Stakhgildyan, I. V., Doroshenko, N. V., Yashina, T. L., Kuzin, S. N., Suetina, I. A., Deryabin, P. G., Ruzaeva, L. A., Bezgodov, V. N., Firsova, L. A., Sorinson, S. N., and Mishiro, S. (1996). Prevalence of hepatitis C virus and distribution of its genotypes in Northern Eurasia. *Arch Virol* 141(9), 1613-22.

Ma, Y., Yates, J., Liang, Y., Lemon, S. M., and Yi, M. (2008). NS3 helicase domains involved in infectious intracellular hepatitis C virus particle assembly. *J Virol* 82(15), 7624-39.

Maegraith, B. G. (1964). Treatment of bilharziose in Egypt, UAR. *Geneva : WHO.*

Major, M. E., Dahari, H., Mihalik, K., Puig, M., Rice, C. M., Neumann, A. U., and Feinstone, S. M. (2004). Hepatitis C virus kinetics and host responses associated with disease and outcome of infection in chimpanzees. *Hepatology* 39(6), 1709-20.

Males, S., Gad, R. R., Esmat, G., Abobakr, H., Anwar, M., Rekacewicz, C., El Hoseiny, M., Zalata, K., Abdel-Hamid, M., Bedossa, P., Pol, S., Mohamed, M. K., and Fontanet, A. (2007). Serum alpha-foetoprotein level predicts treatment outcome in chronic hepatitis C. *Antivir Ther* 12(5), 797-803.

Mao, H., Zhang, H., Zhao, J., Lu, Z., Jin, G., Gu, S., Wang, H., and Wang, Y. (2010). Clinical evaluation of a colorimetric oligonucleotide chip for genotyping hepatitis C virus. *Clin Biochem* 43(1-2), 214-9.

Marcellin, P., Gish, R. G., Gitlin, N., Heise, J., Halliman, D. G., Chun, E., and Rodriguez-Torres, M. (2010). Safety and efficacy of viramidine versus ribavirin in ViSER2: randomized, double-blind study in therapy-naive hepatitis C patients. *J Hepatol* 52(1), 32-8.

Markov, P. V., Pepin, J., Frost, E., Deslandes, S., Labbe, A. C., and Pybus, O. G. (2009). Phylogeography and molecular epidemiology of hepatitis C virus genotype 2 in Africa. *J Gen Virol* 90(Pt 9), 2086-96.

Martin-Carbonero, L., Nunez, M., Marino, A., Alcocer, F., Bonet, L., Garcia-Samaniego, J., Lopez-Serrano, P., Cordero, M., Portu, J., and Soriano, V. (2008). Undetectable hepatitis C virus

RNA at week 4 as predictor of sustained virological response in HIV patients with chronic hepatitis C. *AIDS* 22(1), 15-21.

Martinot-Peignoux, M., Roudot-Thoraval, F., Mendel, I., Coste, J., Izopet, J., Duverlie, G., Payan, C., Pawlotsky, J. M., Defer, C., Bogard, M., Gerolami, V., Halfon, P., Buisson, Y., Fouqueray, B., Loiseau, P., Lamoril, J., Lefrere, J. J., and Marcellin, P. (1999). Hepatitis C virus genotypes in France: relationship with epidemiology, pathogenicity and response to interferon therapy. The GEMHEP. *J Viral Hepat* 6(6), 435-43.

Martro, E., Gonzalez, V., Buckton, A. J., Saludes, V., Fernandez, G., Matas, L., Planas, R., and Ausina, V. (2008). Evaluation of a new assay in comparison with reverse hybridization and sequencing methods for hepatitis C virus genotyping targeting both 5' noncoding and nonstructural 5b genomic regions. *J Clin Microbiol* 46(1), 192-7.

Massard, J., Ratziu, V., Thabut, D., Moussalli, J., Lebray, P., Benhamou, Y., and Poynard, T. (2006). Natural history and predictors of disease severity in chronic hepatitis C. *J Hepatol* 44(1 Suppl), S19-24.

Matsuo, K., Kusano, A., Sugumar, A., Nakamura, S., Tajima, K., and Mueller, N. E. (2004). Effect of hepatitis C virus infection on the risk of non-Hodgkin's lymphoma: a meta-analysis of epidemiological studies. *Cancer Sci* 95(9), 745-52.

Maylin, S., Martinot-Peignoux, M., Ripault, M. P., Moucari, R., Cardoso, A. C., Boyer, N., Giuily, N., Castelnau, C., Pouteau, M., Asselah, T., Nicolas-Chanoine, M. H., and Marcellin, P. (2009). Sustained virological response is associated with clearance of hepatitis C virus RNA and a decrease in hepatitis C virus antibody. *Liver Int* 29(4), 511-7.

McHutchison, J. G., Bacon, B. R., Gordon, S. C., Lawitz, E., Shiffman, M., Afdhal, N. H., Jacobson, I. M., Muir, A., Al-Adhami, M., Morris, M. L., Lekstrom-Himes, J. A., Efler, S. M., and Davis, H. L. (2007). Phase 1B, randomized, double-blind, dose-escalation trial of CPG 10101 in patients with chronic hepatitis C virus. *Hepatology* 46(5), 1341-9.

McHutchison, J. G., Everson, G. T., Gordon, S. C., Jacobson, I. M., Sulkowski, M., Kauffman, R., McNair, L., Alam, J., and Muir, A. J. (2009). Telaprevir with peginterferon and ribavirin for chronic HCV genotype 1 infection. *N Engl J Med* 360(18), 1827-38.

McHutchison, J. G., Gordon, S. C., Schiff, E. R., Shiffman, M. L., Lee, W. M., Rustgi, V. K., Goodman, Z. D., Ling, M. H., Cort, S., and Albrecht, J. K. (1998). Interferon alfa-2b alone or in combination with ribavirin as initial treatment for chronic hepatitis C. Hepatitis Interventional Therapy Group. *N Engl J Med* 339(21), 1485-92.

McHutchison, J. G., Manns, M. P., Muir, A. J., Terrault, N. A., Jacobson, I. M., Afdhal, N. H., Heathcote, E. J., Zeuzem, S., Reesink, H. W., Garg, J., Bsharat, M., George, S., Kauffman, R. S., Adda, N., and Di Bisceglie, A. M. (2010). Telaprevir for previously treated chronic HCV infection. *N Engl J Med* 362(14), 1292-303.

McHutchison, J. G., Poynard, T., Pianko, S., Gordon, S. C., Reid, A. E., Dienstag, J., Morgan, T., Yao, R., and Albrecht, J. (2000). The impact of interferon plus ribavirin on response to therapy in black patients with chronic hepatitis C. The International Hepatitis Interventional Therapy Group. *Gastroenterology* 119(5), 1317-23.

McKeating, J. A., Zhang, L. Q., Logvinoff, C., Flint, M., Zhang, J., Yu, J., Butera, D., Ho, D. D., Dustin, L. B., Rice, C. M., and Balfe, P. (2004). Diverse hepatitis C virus glycoproteins mediate viral infection in a CD81-dependent manner. *J Virol* 78(16), 8496-505.

McLauchlan, J. (2000). Properties of the hepatitis C virus core protein: a structural protein that modulates cellular processes. *J Viral Hepat* 7(1), 2-14.

McLauchlan, J., Lemberg, M. K., Hope, G., and Martoglio, B. (2002). Intramembrane proteolysis promotes trafficking of hepatitis C virus core protein to lipid droplets. *EMBO J* 21(15), 3980-8.

Mejri, S., Salah, A. B., Triki, H., Alaya, N. B., Djebbi, A., and Dellagi, K. (2005). Contrasting patterns of hepatitis C virus infection in two regions from Tunisia. *J Med Virol* 76(2), 185-93.

Mellor, J., Holmes, E. C., Jarvis, L. M., Yap, P. L., and Simmonds, P. (1995). Investigation of the pattern of hepatitis C virus sequence diversity in different geographical regions: implications for virus classification. The International HCV Collaborative Study Group. *J Gen Virol* 76 (Pt 10), 2493-507.

Mercer, D. F., Schiller, D. E., Elliott, J. F., Douglas, D. N., Hao, C., Rinfret, A., Addison, W. R., Fischer, K. P., Churchill, T. A., Lakey, J. R., Tyrrell, D. L., and Kneteman, N. M. (2001). Hepatitis C virus replication in mice with chimeric human livers. *Nat Med* 7(8), 927-33.

Miyanari, Y., Atsuzawa, K., Usuda, N., Watashi, K., Hishiki, T., Zayas, M., Bartenschlager, R., Wakita, T., Hijikata, M., and Shimotohno, K. (2007). The lipid droplet is an important organelle for hepatitis C virus production. *Nat Cell Biol* 9(9), 1089-97.

Moradpour, D., Brass, V., Bieck, E., Friebe, P., Gosert, R., Blum, H. E., Bartenschlager, R., Penin, F., and Lohmann, V. (2004). Membrane association of the RNA-dependent RNA polymerase is essential for hepatitis C virus RNA replication. *J Virol* 78(23), 13278-84.

Moreau, I., Hegarty, S., Levis, J., Sheehy, P., Crosbie, O., Kenny-Walsh, E., and Fanning, L. J. (2006). Serendipitous identification of natural intergenotypic recombinants of hepatitis C in Ireland. *Virol J* 3, 95.

Moreno Planas, J. M., Fernandez Ruiz, M., Portero Azorin, F., Boullosa Grana, E., Rubio Gonzalez, E., Martin Garcia, S., Martinez Arrieta, F., Jimenez Garrido, M., Sanchez Turrion, V., and Cuervas-Mons Martinez, V. (2005). Prevalence of hepatitis C virus genotypes in a Spanish liver transplant unit. *Transplant Proc* 37(3), 1486-7.

Morice, Y., Cantaloube, J. F., Beaucourt, S., Barbotte, L., De Gendt, S., Goncales, F. L., Butterworth, L., Cooksley, G., Gish, R. G., Beaugrand, M., Fay, F., Fay, O., Gonzalez, J. E., Martins, R. M., Dhumeaux, D., Vanderborght, B., Stuyver, L., Sablon, E., de Lamballerie, X., and Pawlotsky, J. M. (2006). Molecular epidemiology of hepatitis C virus subtype 3a in injecting drug users. *J Med Virol* 78(10), 1296-303.

Morice, Y., Roulot, D., Grando, V., Stirnemann, J., Gault, E., Jeantils, V., Bentata, M., Jarrousse, B., Lortholary, O., Pallier, C., and Deny, P. (2001). Phylogenetic analyses confirm the high prevalence of hepatitis C virus (HCV) type 4 in the Seine-Saint-Denis district (France) and indicate seven different HCV-4 subtypes linked to two different epidemiological patterns. *J Gen Virol* 82(Pt 5), 1001-12.

Moriya, K., Fujie, H., Shintani, Y., Yotsuyanagi, H., Tsutsumi, T., Ishibashi, K., Matsuura, Y., Kimura, S., Miyamura, T., and Koike, K. (1998). The core protein of hepatitis C virus induces hepatocellular carcinoma in transgenic mice. *Nat Med* 4(9), 1065-7.

Murray, C. L., Jones, C. T., Tassello, J., and Rice, C. M. (2007). Alanine scanning of the hepatitis C virus core protein reveals numerous residues essential for production of infectious virus. *J Virol* 81(19), 10220-31.

Nakano, T., Lu, L., Liu, P., and Pybus, O. G. (2004). Viral gene sequences reveal the variable history of hepatitis C virus infection among countries. *J Infect Dis* 190(6), 1098-108.

Nakatani, S. M., Santos, C. A., Riediger, I. N., Krieger, M. A., Duarte, C. A., Lacerda, M. A., Biondo, A. W., Carrilho, F. J., and Ono-Nita, S. K. (2010). Development of hepatitis C virus genotyping by real-time PCR based on the NS5B region. *PLoS One* 5(4), e10150.

Ndjomou, J., Pybus, O. G., and Matz, B. (2003). Phylogenetic analysis of hepatitis C virus isolates indicates a unique pattern of endemic infection in Cameroon. *J Gen Virol* 84(Pt 9), 2333-41.

Ndong-Atome, G. R., Makuwa, M., Ouwe-Missi-Oukem-Boyer, O., Pybus, O. G., Branger, M., Le Hello, S., Boye-Cheik, S. B., Brun-Vezinet, F., Kazanji, M., Roques, P., and Bisser, S. (2008). High prevalence of hepatitis C virus infection and predominance of genotype 4 in rural Gabon. *J Med Virol* 80(9), 1581-7.

Neddermann, P., Tomei, L., Steinkuhler, C., Gallinari, P., Tramontano, A., and De Francesco, R. (1997). The nonstructural proteins of the hepatitis C virus: structure and functions. *Biol Chem* 378(6), 469-76.

Negro, F. (2006). Mechanisms and significance of liver steatosis in hepatitis C virus infection. *World J Gastroenterol* 12(42), 6756-65.

Nelson, D. R., Marousis, C. G., Davis, G. L., Rice, C. M., Wong, J., Houghton, M., and Lau, J. Y. (1997). The role of hepatitis C virus-specific cytotoxic T lymphocytes in chronic hepatitis C. *J Immunol* 158(3), 1473-81.

Neta, R., and Salvin, S. B. (1981). Interferons and lymphokines. *Tex Rep Biol Med* 41, 435-42.

Neumann, A. U., Lam, N. P., Dahari, H., Gretch, D. R., Wiley, T. E., Layden, T. J., and Perelson, A. S. (1998). Hepatitis C viral dynamics in vivo and the antiviral efficacy of interferon-alpha therapy. *Science* 282(5386), 103-7.

Njouom, R., Frost, E., Deslandes, S., Mamadou-Yaya, F., Labbe, A. C., Pouillot, R., Mbelesso, P., Mbadingai, S., Rousset, D., and Pepin, J. (2009). Predominance of hepatitis C virus genotype 4 infection and rapid transmission between 1935 and 1965 in the Central African Republic. *J Gen Virol* 90(Pt 10), 2452-6.

Njouom, R., Nerrienet, E., Dubois, M., Lachenal, G., Rousset, D., Vessiere, A., Ayouba, A., Pasquier, C., and Pouillot, R. (2007). The hepatitis C virus epidemic in Cameroon: genetic evidence for rapid transmission between 1920 and 1960. *Infect Genet Evol* 7(3), 361-7.

Noppornpanth, S., Lien, T. X., Poovorawan, Y., Smits, S. L., Osterhaus, A. D., and Haagmans, B. L. (2006). Identification of a naturally occurring recombinant genotype 2/6 hepatitis C virus. *J Virol* 80(15), 7569-77.

Ogata, N., Alter, H. J., Miller, R. H., and Purcell, R. H. (1991). Nucleotide sequence and mutation rate of the H strain of hepatitis C virus. *Proc Natl Acad Sci U S A* 88(8), 3392-6.

Okuda, M., Li, K., Beard, M. R., Showalter, L. A., Scholle, F., Lemon, S. M., and Weinman, S. A. (2002). Mitochondrial injury, oxidative stress, and antioxidant gene expression are induced by hepatitis C virus core protein. *Gastroenterology* 122(2), 366-75.

Op De Beeck, A., Voisset, C., Bartosch, B., Ciczora, Y., Cocquerel, L., Keck, Z., Foung, S., Cosset, F. L., and Dubuisson, J. (2004). Characterization of functional hepatitis C virus envelope glycoproteins. *J Virol* 78(6), 2994-3002.

Pacsa, A. S., Al-Mufti, S., Chugh, T. D., and Said-Adi, G. (2001). Genotypes of Hepatitis C Virus in Kuwait. *Med Principles Pract* 10(1), 55-57.

Park, J. C., Kim, J. M., Kwon, O. J., Lee, K. R., Chai, Y. G., and Oh, H. B. (2010). Development and clinical evaluation of a microarray for hepatitis C virus genotyping. *J Virol Methods* 163(2), 269-75.

Pasquier, C., Njouom, R., Ayouba, A., Dubois, M., Sartre, M. T., Vessiere, A., Timba, I., Thonnon, J., Izopet, J., and Nerrienet, E. (2005). Distribution and heterogeneity of hepatitis C genotypes in hepatitis patients in Cameroon. *J Med Virol* 77(3), 390-8.

Pawlotsky, J. M. (2003). Hepatitis C virus genetic variability: pathogenic and clinical implications. *Clin Liver Dis* 7(1), 45-66.

Pawlotsky, J. M., Tsakiris, L., Roudot-Thoraval, F., Pellet, C., Stuyver, L., Duval, J., and Dhumeaux, D. (1995). Relationship between hepatitis C virus genotypes and sources of infection in patients with chronic hepatitis C. *J Infect Dis* 171(6), 1607-10.

Payan, C., Roudot-Thoraval, F., Marcellin, P., Bled, N., Duverlie, G., Fouchard-Hubert, I., Trimoulet, P., Couzigou, P., Cointe, D., Chaput, C., Henquell, C., Abergel, A., Pawlotsky, J. M., Hezode, C., Coude, M., Blanchi, A., Alain, S., Loustaud-Ratti, V., Chevallier, P., Trepo, C., Gerolami, V., Portal, I., Halfon, P., Bourliere, M., Bogard, M., Plouvier, E., Laffont, C., Agius, G., Silvain, C., Brodard, V., Thiefin, G., Buffet-Janvresse, C., Riachi, G., Grattard, F., Bourlet, T., Stoll-Keller, F., Doffoel, M., Izopet, J., Barange, K., Martinot-Peignoux, M., Branger, M., Rosenberg, A., Sogni, P., Chaix, M. L., Pol, S., Thibault, V., Opolon, P., Charrois, A., Serfaty, L., Fouqueray, B., Grange, J. D., Lefrere, J. J., and Lunel-Fabiani, F. (2005). Changing of hepatitis C virus genotype patterns in France at the beginning of the third millenium: The GEMHEP GenoCII Study. *J Viral Hepat* 12(4), 405-13.

Penin, F., Dubuisson, J., Rey, F. A., Moradpour, D., and Pawlotsky, J. M. (2004). Structural biology of hepatitis C virus. *Hepatology* 39(1), 5-19.

Pestka, S., Krause, C. D., and Walter, M. R. (2004). Interferons, interferon-like cytokines, and their receptors. *Immunol Rev* 202, 8-32.

Pietschmann, T., Kaul, A., Koutsoudakis, G., Shavinskaya, A., Kallis, S., Steinmann, E., Abid, K., Negro, F., Dreux, M., Cosset, F. L., and Bartenschlager, R. (2006). Construction and characterization of infectious intragenotypic and intergenotypic hepatitis C virus chimeras. *Proc Natl Acad Sci U S A* 103(19), 7408-13.

Pileri, P., Uematsu, Y., Campagnoli, S., Galli, G., Falugi, F., Petracca, R., Weiner, A. J., Houghton, M., Rosa, D., Grandi, G., and Abrignani, S. (1998). Binding of hepatitis C virus to CD81. *Science* 282(5390), 938-41.

Pockros, P. J., Guyader, D., Patton, H., Tong, M. J., Wright, T., McHutchison, J. G., and Meng, T. C. (2007). Oral resiquimod in chronic HCV infection: safety and efficacy in 2 placebo-controlled, double-blind phase IIa studies. *J Hepatol* 47(2), 174-82.

Pol, S., Thiers, V., Nousbaum, J. B., Legendre, C., Berthelot, P., Kreis, H., and Brechot, C. (1995). The changing relative prevalence of hepatitis C virus genotypes: evidence in hemodialyzed patients and kidney recipients. *Gastroenterology* 108(2), 581-3.

Poustchi, H., Negro, F., Hui, J., Cua, I. H., Brandt, L. R., Kench, J. G., and George, J. (2008). Insulin resistance and response to therapy in patients infected with chronic hepatitis C virus genotypes 2 and 3. *J Hepatol* 48(1), 28-34.

Poynard, T., Ratziu, V., McHutchison, J., Manns, M., Goodman, Z., Zeuzem, S., Younossi, Z., and Albrecht, J. (2003). Effect of treatment with peginterferon or interferon alfa-2b and ribavirin on steatosis in patients infected with hepatitis C. *Hepatology* 38(1), 75-85.

Pybus, O. G., Barnes, E., Taggart, R., Lemey, P., Markov, P. V., Rasachak, B., Syhavong, B., Phetsouvanah, R., Sheridan, I., Humphreys, I. S., Lu, L., Newton, P. N., and Klenerman, P. (2009). Genetic history of hepatitis C virus in East Asia. *J Virol* 83(2), 1071-82.

Pybus, O. G., Charleston, M. A., Gupta, S., Rambaut, A., Holmes, E. C., and Harvey, P. H. (2001). The epidemic behavior of the hepatitis C virus. *Science* 292(5525), 2323-5.

Radkowski, M., Kubicka, J., Kisiel, E., Cianciara, J., Nowicki, M., Rakela, J., and Laskus, T. (2000). Detection of active hepatitis C virus and hepatitis G virus/GB virus C replication in bone marrow in human subjects. *Blood* 95(12), 3986-9.

Ramia, S., and Eid-Fares, J. (2006). Distribution of hepatitis C virus genotypes in the Middle East. *Int J Infect Dis* 10(4), 272-7.

Ramos-Sanchez, M. C., Torio-Cabezon, R., Mazon-Ramos, M. A., Martin-Gil, F. J., and del Alamo, M. (2003). Hepatitis C virus genotype 4 in a North-west Spain district. *J Clin Virol* 28(2), 223-4.

Rauch, A., Kutalik, Z., Descombes, P., Cai, T., Di Iulio, J., Mueller, T., Bochud, M., Battegay, M., Bernasconi, E., Borovicka, J., Colombo, S., Cerny, A., Dufour, J. F., Furrer, H., Gunthard, H. F., Heim, M., Hirschel, B., Malinverni, R., Moradpour, D., Mullhaupt, B., Witteck, A., Beckmann, J. S., Berg, T., Bergmann, S., Negro, F., Telenti, A., and Bochud, P. Y. (2010). Genetic variation in IL28B is associated with chronic hepatitis C and treatment failure: a genome-wide association study. *Gastroenterology* 138(4), 1338-45, 1345 e1-7.

Reesink, H. W., Zeuzem, S., Weegink, C. J., Forestier, N., van Vliet, A., van de Wetering de Rooij, J., McNair, L., Purdy, S., Kauffman, R., Alam, J., and Jansen, P. L. (2006). Rapid decline of viral RNA in hepatitis C patients treated with VX-950: a phase Ib, placebo-controlled, randomized study. *Gastroenterology* 131(4), 997-1002.

Reynolds, J. E., Kaminski, A., Kettinen, H. J., Grace, K., Clarke, B. E., Carroll, A. R., Rowlands, D. J., and Jackson, R. J. (1995). Unique features of internal initiation of hepatitis C virus RNA translation. *EMBO J* 14(23), 6010-20.

Rijnbrand, R. C., and Lemon, S. M. (2000). Internal ribosome entry site-mediated translation in hepatitis C virus replication. *Curr Top Microbiol Immunol* 242, 85-116.
Roche, B., and Samuel, D. (2007). Risk factors for hepatitis C recurrence after liver transplantation. *J Viral Hepat* 14 Suppl 1, 89-96.
Roque-Afonso, A. M., Ducoulombier, D., Di Liberto, G., Kara, R., Gigou, M., Dussaix, E., Samuel, D., and Feray, C. (2005). Compartmentalization of hepatitis C virus genotypes between plasma and peripheral blood mononuclear cells. *J Virol* 79(10), 6349-57.
Rosen, H. R., Chou, S., Sasaki, A. W., and Gretch, D. R. (1999). Molecular epidemiology of hepatitis C infection in U.S. veteran liver transplant recipients: evidence for decreasing relative prevalence of genotype 1B. *Am J Gastroenterol* 94(10), 3015-9.
Ross, R. S., Verbeeck, J., Viazov, S., Lemey, P., Van Ranst, M., and Roggendorf, M. (2008). Evidence for a complex mosaic genome pattern in a full-length hepatitis C virus sequence. *Evol Bioinform Online* 4, 249-54.
Rubbia-Brandt, L., Quadri, R., Abid, K., Giostra, E., Male, P. J., Mentha, G., Spahr, L., Zarski, J. P., Borisch, B., Hadengue, A., and Negro, F. (2000). Hepatocyte steatosis is a cytopathic effect of hepatitis C virus genotype 3. *J Hepatol* 33(1), 106-15.
Ruggieri, A., Argentini, C., Kouruma, F., Chionne, P., D'Ugo, E., Spada, E., Dettori, S., Sabbatani, S., and Rapicetta, M. (1996). Heterogeneity of hepatitis C virus genotype 2 variants in West Central Africa (Guinea Conakry). *J Gen Virol* 77 (Pt 9), 2073-6.
Sadler, A. J., and Williams, B. R. (2008). Interferon-inducible antiviral effectors. *Nat Rev Immunol* 8(7), 559-68.
Saiki, R. K., Gelfand, D. H., Stoffel, S., Scharf, S. J., Higuchi, R., Horn, G. T., Mullis, K. B., and Erlich, H. A. (1988). Primer-directed enzymatic amplification of DNA with a thermostable DNA polymerase. *Science* 239(4839), 487-91.
Saiki, R. K., Scharf, S., Faloona, F., Mullis, K. B., Horn, G. T., Erlich, H. A., and Arnheim, N. (1985). Enzymatic amplification of beta-globin genomic sequences and restriction site analysis for diagnosis of sickle cell anemia. *Science* 230(4732), 1350-4.
Saitou, N., and Nei, M. (1987). The neighbor-joining method: a new method for reconstructing phylogenetic trees. *Mol Biol Evol* 4(4), 406-25.
Salemi, M., and Vandamme, A. M. (2002). Hepatitis C virus evolutionary patterns studied through analysis of full-genome sequences. *J Mol Evol* 54(1), 62-70.
Sanchez-Quijano, A., Abad, M. A., Torronteras, R., Rey, C., Pineda, J. A., Leal, M., Macias, J., and Lissen, E. (1997). Unexpected high prevalence of hepatitis C virus genotype 4 in Southern Spain. *J Hepatol* 27(1), 25-9.
Sandres-Saune, K., Deny, P., Pasquier, C., Thibaut, V., Duverlie, G., and Izopet, J. (2003). Determining hepatitis C genotype by analyzing the sequence of the NS5b region. *J Virol Methods* 109(2), 187-93.
Sanger, F., Nicklen, S., and Coulson, A. R. (1977). DNA sequencing with chain-terminating inhibitors. *Proc Natl Acad Sci U S A* 74(12), 5463-7.
Sarobe, P., Lasarte, J. J., Casares, N., Lopez-Diaz de Cerio, A., Baixeras, E., Labarga, P., Garcia, N., Borras-Cuesta, F., and Prieto, J. (2002). Abnormal priming of CD4(+) T cells by dendritic cells expressing hepatitis C virus core and E1 proteins. *J Virol* 76(10), 5062-70.
Sarrazin, C., Rouzier, R., Wagner, F., Forestier, N., Larrey, D., Gupta, S. K., Hussain, M., Shah, A., Cutler, D., Zhang, J., and Zeuzem, S. (2007). SCH 503034, a novel hepatitis C virus protease inhibitor, plus pegylated interferon alpha-2b for genotype 1 nonresponders. *Gastroenterology* 132(4), 1270-8.
Scarselli, E., Ansuini, H., Cerino, R., Roccasecca, R. M., Acali, S., Filocamo, G., Traboni, C., Nicosia, A., Cortese, R., and Vitelli, A. (2002). The human scavenger receptor class B type I is a novel candidate receptor for the hepatitis C virus. *EMBO J* 21(19), 5017-25.

Schirren, C. A., Jung, M. C., Gerlach, J. T., Worzfeld, T., Baretton, G., Mamin, M., Hubert Gruener, N., Houghton, M., and Pape, G. R. (2000). Liver-derived hepatitis C virus (HCV)-specific CD4(+) T cells recognize multiple HCV epitopes and produce interferon gamma. *Hepatology* 32(3), 597-603.

Sekkat, S., Kamal, N., Benali, B., Fellah, H., Amazian, K., Bourquia, A., El Kholti, A., and Benslimane, A. (2008). [Prevalence of anti-HCV antibodies and seroconversion incidence in five haemodialysis units in Morocco]. *Nephrol Ther* 4(2), 105-10.

Sharara, A. I., Ramia, S., Ramlawi, F., Fares, J. E., Klayme, S., and Naman, R. (2007). Genotypes of hepatitis C virus (HCV) among positive Lebanese patients: comparison of data with that from other Middle Eastern countries. *Epidemiol Infect* 135(3), 427-32.

Sharp, P. M., and Hahn, B. H. (2008). AIDS: prehistory of HIV-1. *Nature* 455(7213), 605-6.

Shepard, C. W., Finelli, L., and Alter, M. J. (2005). Global epidemiology of hepatitis C virus infection. *Lancet Infect Dis* 5(9), 558-67.

Shimizu, Y. K., Feinstone, S. M., Kohara, M., Purcell, R. H., and Yoshikura, H. (1996). Hepatitis C virus: detection of intracellular virus particles by electron microscopy. *Hepatology* 23(2), 205-9.

Shimoike, T., Mimori, S., Tani, H., Matsuura, Y., and Miyamura, T. (1999). Interaction of hepatitis C virus core protein with viral sense RNA and suppression of its translation. *J Virol* 73(12), 9718-25.

Silini, E., Bono, F., Cividini, A., Cerino, A., Bruno, S., Rossi, S., Belloni, G., Brugnetti, B., Civardi, E., Salvaneschi, L., and et al. (1995). Differential distribution of hepatitis C virus genotypes in patients with and without liver function abnormalities. *Hepatology* 21(2), 285-90.

Silini, E., Bottelli, R., Asti, M., Bruno, S., Candusso, M. E., Brambilla, S., Bono, F., Iamoni, G., Tinelli, C., Mondelli, M. U., and Ideo, G. (1996). Hepatitis C virus genotypes and risk of hepatocellular carcinoma in cirrhosis: a case-control study. *Gastroenterology* 111(1), 199-205.

Simmonds, P. (1995). Variability of hepatitis C virus. *Hepatology* 21(2), 570-83.

Simmonds, P. (2001). The origin and evolution of hepatitis viruses in humans. *J Gen Virol* 82(Pt 4), 693-712.

Simmonds, P. (2004). Genetic diversity and evolution of hepatitis C virus--15 years on. *J Gen Virol* 85(Pt 11), 3173-88.

Simmonds, P., Bukh, J., Combet, C., Deleage, G., Enomoto, N., Feinstone, S., Halfon, P., Inchauspe, G., Kuiken, C., Maertens, G., Mizokami, M., Murphy, D. G., Okamoto, H., Pawlotsky, J. M., Penin, F., Sablon, E., Shin, I. T., Stuyver, L. J., Thiel, H. J., Viazov, S., Weiner, A. J., and Widell, A. (2005). Consensus proposals for a unified system of nomenclature of hepatitis C virus genotypes. *Hepatology* 42(4), 962-73.

Simmonds, P., Smith, D. B., McOmish, F., Yap, P. L., Kolberg, J., Urdea, M. S., and Holmes, E. C. (1994). Identification of genotypes of hepatitis C virus by sequence comparisons in the core, E1 and NS-5 regions. *J Gen Virol* 75 (Pt 5), 1053-61.

Simons, J. N., Desai, S. M., and Mushahwar, I. K. (2000). The GB viruses. *Curr Top Microbiol Immunol* 242, 341-75.

Smuts, H. E., and Kannemeyer, J. (1995). Genotyping of hepatitis C virus in South Africa. *J Clin Microbiol* 33(6), 1679-81.

Stark, G. R., Kerr, I. M., Williams, B. R., Silverman, R. H., and Schreiber, R. D. (1998). How cells respond to interferons. *Annu Rev Biochem* 67, 227-64.

Steinmann, E., Penin, F., Kallis, S., Patel, A. H., Bartenschlager, R., and Pietschmann, T. (2007). Hepatitis C virus p7 protein is crucial for assembly and release of infectious virions. *PLoS Pathog* 3(7), e103.

Stuyver, L., Rossau, R., Wyseur, A., Duhamel, M., Vanderborght, B., Van Heuverswyn, H., and Maertens, G. (1993). Typing of hepatitis C virus isolates and characterization of new subtypes using a line probe assay. *J Gen Virol* 74 (Pt 6), 1093-102.

Su, A. I., Pezacki, J. P., Wodicka, L., Brideau, A. D., Supekova, L., Thimme, R., Wieland, S., Bukh, J., Purcell, R. H., Schultz, P. G., and Chisari, F. V. (2002). Genomic analysis of the host response to hepatitis C virus infection. *Proc Natl Acad Sci U S A* 99(24), 15669-74.

Sugano, M., Hayashi, Y., Yoon, S., Kinoshita, M., Ninomiya, T., Ohta, K., Itoh, H., and Kasuga, M. (1995). Quantitation of hepatitis C viral RNA in liver and serum samples using competitive polymerase chain reaction. *J Clin Pathol* 48(9), 820-5.

Sullivan, D. G., Bruden, D., Deubner, H., McArdle, S., Chung, M., Christensen, C., Hennessy, T., Homan, C., Williams, J., McMahon, B. J., and Gretch, D. R. (2007). Hepatitis C virus dynamics during natural infection are associated with long-term histological outcome of chronic hepatitis C disease. *J Infect Dis* 196(2), 239-48.

Suppiah, V., Moldovan, M., Ahlenstiel, G., Berg, T., Weltman, M., Abate, M. L., Bassendine, M., Spengler, U., Dore, G. J., Powell, E., Riordan, S., Sheridan, D., Smedile, A., Fragomeli, V., Muller, T., Bahlo, M., Stewart, G. J., Booth, D. R., and George, J. (2009). IL28B is associated with response to chronic hepatitis C interferon-alpha and ribavirin therapy. *Nat Genet* 41(10), 1100-4.

Tajir, M., Elmachad, M., Kabbaj, N., Laarabi, F. Z., Barkat, A., Amrani, N., and Sefiani, A. (2012). Frequency of IL28B rs12979860 Single-Nucleotide Polymorphism Alleles in Newborn Infants and in Patients with Chronic Hepatitis C in Morocco. *Genet Test Mol Biomarkers*.

Tam, R. C., Pai, B., Bard, J., Lim, C., Averett, D. R., Phan, U. T., and Milovanovic, T. (1999). Ribavirin polarizes human T cell responses towards a Type 1 cytokine profile. *J Hepatol* 30(3), 376-82.

Tamalet, C., Colson, P., Tissot-Dupont, H., Henry, M., Tourres, C., Tivoli, N., Botta, D., Ravaux, I., Poizot-Martin, I., and Yahi, N. (2003). Genomic and phylogenetic analysis of hepatitis C virus isolates: a survey of 535 strains circulating in southern France. *J Med Virol* 71(3), 391-8.

Tamura, K., Peterson, D., Peterson, N., Stecher, G., Nei, M., and Kumar, S. (2011). MEGA5: molecular evolutionary genetics analysis using maximum likelihood, evolutionary distance, and maximum parsimony methods. *Mol Biol Evol* 28(10), 2731-9.

Tanaka, T., Kato, N., Cho, M. J., Sugiyama, K., and Shimotohno, K. (1996). Structure of the 3' terminus of the hepatitis C virus genome. *J Virol* 70(5), 3307-12.

Tanaka, Y., Nishida, N., Sugiyama, M., Kurosaki, M., Matsuura, K., Sakamoto, N., Nakagawa, M., Korenaga, M., Hino, K., Hige, S., Ito, Y., Mita, E., Tanaka, E., Mochida, S., Murawaki, Y., Honda, M., Sakai, A., Hiasa, Y., Nishiguchi, S., Koike, A., Sakaida, I., Imamura, M., Ito, K., Yano, K., Masaki, N., Sugauchi, F., Izumi, N., Tokunaga, K., and Mizokami, M. (2009). Genome-wide association of IL28B with response to pegylated interferon-alpha and ribavirin therapy for chronic hepatitis C. *Nat Genet* 41(10), 1105-9.

Tellinghuisen, T. L., Evans, M. J., von Hahn, T., You, S., and Rice, C. M. (2007). Studying hepatitis C virus: making the best of a bad virus. *J Virol* 81(17), 8853-67.

Thimme, R., Bukh, J., Spangenberg, H. C., Wieland, S., Pemberton, J., Steiger, C., Govindarajan, S., Purcell, R. H., and Chisari, F. V. (2002). Viral and immunological determinants of hepatitis C virus clearance, persistence, and disease. *Proc Natl Acad Sci U S A* 99(24), 15661-8.

Thomas, F., Nicot, F., Sandres-Saune, K., Dubois, M., Legrand-Abravanel, F., Alric, L., Peron, J. M., Pasquier, C., and Izopet, J. (2007). Genetic diversity of HCV genotype 2 strains in south western France. *J Med Virol* 79(1), 26-34.

Thompson, J. D., Gibson, T. J., Plewniak, F., Jeanmougin, F., and Higgins, D. G. (1997). The CLUSTAL_X windows interface: flexible strategies for multiple sequence alignment aided by quality analysis tools. *Nucleic Acids Res* 25(24), 4876-82.

Timm, J., Lauer, G. M., Kavanagh, D. G., Sheridan, I., Kim, A. Y., Lucas, M., Pillay, T., Ouchi, K., Reyor, L. L., Schulze zur Wiesch, J., Gandhi, R. T., Chung, R. T., Bhardwaj, N., Klenerman, P., Walker, B. D., and Allen, T. M. (2004). CD8 epitope escape and reversion in acute HCV infection. *J Exp Med* 200(12), 1593-604.

Tokita, H., Okamoto, H., Luengrojanakul, P., Vareesangthip, K., Chainuvati, T., Iizuka, H., Tsuda, F., Miyakawa, Y., and Mayumi, M. (1995). Hepatitis C virus variants from Thailand classifiable into five novel genotypes in the sixth (6b), seventh (7c, 7d) and ninth (9b, 9c) major genetic groups. *J Gen Virol* 76 (Pt 9), 2329-35.

Tokita, H., Okamoto, H., Tsuda, F., Song, P., Nakata, S., Chosa, T., Iizuka, H., Mishiro, S., Miyakawa, Y., and Mayumi, M. (1994). Hepatitis C virus variants from Vietnam are classifiable into the seventh, eighth, and ninth major genetic groups. *Proc Natl Acad Sci U S A* 91(23), 11022-6.

Torriani, F. J., Ribeiro, R. M., Gilbert, T. L., Schrenk, U. M., Clauson, M., Pacheco, D. M., and Perelson, A. S. (2003). Hepatitis C virus (HCV) and human immunodeficiency virus (HIV) dynamics during HCV treatment in HCV/HIV coinfection. *J Infect Dis* 188(10), 1498-507.

Torriani, F. J., Rodriguez-Torres, M., Rockstroh, J. K., Lissen, E., Gonzalez-Garcia, J., Lazzarin, A., Carosi, G., Sasadeusz, J., Katlama, C., Montaner, J., Sette, H., Jr., Passe, S., De Pamphilis, J., Duff, F., Schrenk, U. M., and Dieterich, D. T. (2004). Peginterferon Alfa-2a plus ribavirin for chronic hepatitis C virus infection in HIV-infected patients. *N Engl J Med* 351(5), 438-50.

Troesch, M., Meunier, I., Lapierre, P., Lapointe, N., Alvarez, F., Boucher, M., and Soudeyns, H. (2006). Study of a novel hypervariable region in hepatitis C virus (HCV) E2 envelope glycoprotein. *Virology* 352(2), 357-67.

Tscherne, D. M., Jones, C. T., Evans, M. J., Lindenbach, B. D., McKeating, J. A., and Rice, C. M. (2006). Time- and temperature-dependent activation of hepatitis C virus for low-pH-triggered entry. *J Virol* 80(4), 1734-41.

Tsubota, A., Arase, Y., Someya, T., Suzuki, Y., Suzuki, F., Saitoh, S., Ikeda, K., Akuta, N., Hosaka, T., Kobayashi, M., and Kumada, H. (2005). Early viral kinetics and treatment outcome in combination of high-dose interferon induction vs. pegylated interferon plus ribavirin for naive patients infected with hepatitis C virus of genotype 1b and high viral load. *J Med Virol* 75(1), 27-34.

Tsubota, A., Hirose, Y., Izumi, N., and Kumada, H. (2003). Pharmacokinetics of ribavirin in combined interferon-alpha 2b and ribavirin therapy for chronic hepatitis C virus infection. *Br J Clin Pharmacol* 55(4), 360-7.

Ulsenheimer, A., Gerlach, J. T., Gruener, N. H., Jung, M. C., Schirren, C. A., Schraut, W., Zachoval, R., Pape, G. R., and Diepolder, H. M. (2003). Detection of functionally altered hepatitis C virus-specific CD4 T cells in acute and chronic hepatitis C. *Hepatology* 37(5), 1189-98.

Utama, A., Tania, N. P., Dhenni, R., Gani, R. A., Hasan, I., Sanityoso, A., Lelosutan, S. A., Martamala, R., Lesmana, L. A., Sulaiman, A., and Tai, S. (2010). Genotype diversity of hepatitis C virus (HCV) in HCV-associated liver disease patients in Indonesia. *Liver Int* 30(8), 1152-60.

Vassilaki, N., Friebe, P., Meuleman, P., Kallis, S., Kaul, A., Paranhos-Baccala, G., Leroux-Roels, G., Mavromara, P., and Bartenschlager, R. (2008). Role of the hepatitis C virus core+1 open reading frame and core cis-acting RNA elements in viral RNA translation and replication. *J Virol* 82(23), 11503-15.

Verbeeck, J., Maes, P., Lemey, P., Pybus, O. G., Wollants, E., Song, E., Nevens, F., Fevery, J., Delport, W., Van der Merwe, S., and Van Ranst, M. (2006). Investigating the origin and spread of hepatitis C virus genotype 5a. *J Virol* 80(9), 4220-6.

Wakita, T., Pietschmann, T., Kato, T., Date, T., Miyamoto, M., Zhao, Z., Murthy, K., Habermann, A., Krausslich, H. G., Mizokami, M., Bartenschlager, R., and Liang, T. J. (2005). Production of infectious hepatitis C virus in tissue culture from a cloned viral genome. *Nat Med* 11(7), 791-6.

Walewski, J. L., Gutierrez, J. A., Branch-Elliman, W., Stump, D. D., Keller, T. R., Rodriguez, A., Benson, G., and Branch, A. D. (2002). Mutation Master: profiles of substitutions in hepatitis C virus RNA of the core, alternate reading frame, and NS2 coding regions. *RNA* 8(5), 557-71.

Walewski, J. L., Keller, T. R., Stump, D. D., and Branch, A. D. (2001). Evidence for a new hepatitis C virus antigen encoded in an overlapping reading frame. *RNA* 7(5), 710-21.

Walsh, M. J., Jonsson, J. R., Richardson, M. M., Lipka, G. M., Purdie, D. M., Clouston, A. D., and Powell, E. E. (2006). Non-response to antiviral therapy is associated with obesity and increased hepatic expression of suppressor of cytokine signalling 3 (SOCS-3) in patients with chronic hepatitis C, viral genotype 1. *Gut* 55(4), 529-35.

Wang, Q. M., Hockman, M. A., Staschke, K., Johnson, R. B., Case, K. A., Lu, J., Parsons, S., Zhang, F., Rathnachalam, R., Kirkegaard, K., and Colacino, J. M. (2002). Oligomerization and cooperative RNA synthesis activity of hepatitis C virus RNA-dependent RNA polymerase. *J Virol* 76(8), 3865-72.

Watanabe, T., Umehara, T., and Kohara, M. (2007). Therapeutic application of RNA interference for hepatitis C virus. *Adv Drug Deliv Rev* 59(12), 1263-76.

Watashi, K., Ishii, N., Hijikata, M., Inoue, D., Murata, T., Miyanari, Y., and Shimotohno, K. (2005). Cyclophilin B is a functional regulator of hepatitis C virus RNA polymerase. *Mol Cell* 19(1), 111-22.

Webster, D. P., Klenerman, P., Collier, J., and Jeffery, K. J. (2009). Development of novel treatments for hepatitis C. *Lancet Infect Dis* 9(2), 108-17.

Wedemeyer, H., He, X. S., Nascimbeni, M., Davis, A. R., Greenberg, H. B., Hoofnagle, J. H., Liang, T. J., Alter, H., and Rehermann, B. (2002). Impaired effector function of hepatitis C virus-specific CD8+ T cells in chronic hepatitis C virus infection. *J Immunol* 169(6), 3447-58.

WHO (1999). Global surveillance and control of hepatitis C. Report of a WHO Consultation organized in collaboration with the Viral Hepatitis Prevention Board, Antwerp, Belgium. *J Viral Hepat* 6(1), 35-47.

Williams, R. (2006). Global challenges in liver disease. *Hepatology* 44(3), 521-6.

Wong, D. K., Dudley, D. D., Afdhal, N. H., Dienstag, J., Rice, C. M., Wang, L., Houghton, M., Walker, B. D., and Koziel, M. J. (1998). Liver-derived CTL in hepatitis C virus infection: breadth and specificity of responses in a cohort of persons with chronic infection. *J Immunol* 160(3), 1479-88.

Xu, L. Z., Larzul, D., Delaporte, E., Brechot, C., and Kremsdorf, D. (1994). Hepatitis C virus genotype 4 is highly prevalent in central Africa (Gabon). *J Gen Virol* 75 (Pt 9), 2393-8.

Yaginuma, R., Ikejima, K., Okumura, K., Kon, K., Suzuki, S., Takei, Y., and Sato, N. (2006). Hepatic steatosis is a predictor of poor response to interferon alpha-2b and ribavirin combination therapy in Japanese patients with chronic hepatitis C. *Hepatol Res* 35(1), 19-25.

Yi, M., Ma, Y., Yates, J., and Lemon, S. M. (2007). Compensatory mutations in E1, p7, NS2, and NS3 enhance yields of cell culture-infectious intergenotypic chimeric hepatitis C virus. *J Virol* 81(2), 629-38.

Youssef, A., Yano, Y., Utsumi, T., abd El-alah, E. M., abd El-Hameed Ael, E., Serwah Ael, H., and Hayashi, Y. (2009). Molecular epidemiological study of hepatitis viruses in Ismailia, Egypt. *Intervirology* 52(3), 123-31.

Yusim, K., Richardson, R., Tao, N., Dalwani, A., Agrawal, A., Szinger, J., Funkhouser, R., Korber, B., and Kuiken, C. (2005). Los alamos hepatitis C immunology database. *Appl Bioinformatics* 4(4), 217-25.

Zein, N. N. (2000). Clinical significance of hepatitis C virus genotypes. *Clin Microbiol Rev* 13(2), 223-35.

Zemouli, N., Gourari, S., Khelifa, R., Boufekane, M., Debzi, N., Nani, A., Afredj, N., Guessab, N., Ramdani, N., Tazir, M., Boucekkine, T., and C., H. (2010). Génotypes du virus de l'Hépatite C en Algérie : L'expérience du CHU Mustapha d'Alger. *Symposium International de Cancérologie Digestive*

Zeuzem, S., Berg, T., Moeller, B., Hinrichsen, H., Mauss, S., Wedemeyer, H., Sarrazin, C., Hueppe, D., Zehnter, E., and Manns, M. P. (2009). Expert opinion on the treatment of patients with chronic hepatitis C. *J Viral Hepat* 16(2), 75-90.

Zeuzem, S., Buti, M., Ferenci, P., Sperl, J., Horsmans, Y., Cianciara, J., Ibranyi, E., Weiland, O., Noviello, S., Brass, C., and Albrecht, J. (2006). Efficacy of 24 weeks treatment with peginterferon alfa-2b plus ribavirin in patients with chronic hepatitis C infected with genotype 1 and low pretreatment viremia. *J Hepatol* 44(1), 97-103.

Zeuzem, S., Franke, A., Lee, J. H., Herrmann, G., Ruster, B., and Roth, W. K. (1996). Phylogenetic analysis of hepatitis C virus isolates and their correlation to viremia, liver function tests, and histology. *Hepatology* 24(5), 1003-9.

Zeuzem, S., Nelson, D. R., and Marcellin, P. (2008). Dynamic evolution of therapy for chronic hepatitis C: how will novel agents be incorporated into the standard of care? *Antivir Ther* 13(6), 747-60.

Zhang, Q., Gong, R., Qu, J., Zhou, Y., Liu, W., Chen, M., Liu, Y., Zhu, Y., and Wu, J. (2012). Activation of the Ras/Raf/MEK pathway facilitates hepatitis C virus replication via attenuation of the interferon-JAK-STAT pathway. *J Virol* 86, 1544-54.

Zhang, Y., Jamaluddin, M., Wang, S., Tian, B., Garofalo, R. P., Casola, A., and Brasier, A. R. (2003). Ribavirin treatment up-regulates antiviral gene expression via the interferon-stimulated response element in respiratory syncytial virus-infected epithelial cells. *J Virol* 77(10), 5933-47.

Zhao, X., Tang, Z. Y., Klumpp, B., Wolff-Vorbeck, G., Barth, H., Levy, S., von Weizsacker, F., Blum, H. E., and Baumert, T. F. (2002). Primary hepatocytes of Tupaia belangeri as a potential model for hepatitis C virus infection. *J Clin Invest* 109(2), 221-32.

Zhong, J., Gastaminza, P., Cheng, G., Kapadia, S., Kato, T., Burton, D. R., Wieland, S. F., Uprichard, S. L., Wakita, T., and Chisari, F. V. (2005). Robust hepatitis C virus infection in vitro. *Proc Natl Acad Sci U S A* 102(26), 9294-9.

Zhou, S., Terrault, N. A., Ferrell, L., Hahn, J. A., Lau, J. Y., Simmonds, P., Roberts, J. P., Lake, J. R., Ascher, N. L., and Wright, T. L. (1996). Severity of liver disease in liver transplantation recipients with hepatitis C virus infection: relationship to genotype and level of viremia. *Hepatology* 24(5), 1041-6.

Ziol, M., Handra-Luca, A., Kettaneh, A., Christidis, C., Mal, F., Kazemi, F., de Ledinghen, V., Marcellin, P., Dhumeaux, D., Trinchet, J. C., and Beaugrand, M. (2005). Noninvasive assessment of liver fibrosis by measurement of stiffness in patients with chronic hepatitis C. *Hepatology* 41(1), 48-54.

Annexes

Extraction d'ARN par QIAamp viral RNA mini Kit

Lyse du virus

Dans un volume de 140µl, ajouter 560 µl de tampon AVL/ARN entraîneur (déjà chauffé à 60°C pendant 2-3 min) et mélanger vigoureusement en vortexant

- Incuber pendant 10 min à température ambiante (15-25°C)
- Centrifuger brièvement pour récupérer les gouttelettes du bouchon.

Précipitation de L'ARN

- Ajouter 560 µl d'éthanol 96-100% puis mélanger vigoureusement en vortexant pendant 5 secondes.
- Centrifuger brièvement pour récupérer les gouttelettes du bouchon
- Déposer 630 µl de lysat sur la colonne de silice et centrifuger pendant 1 min à 8000g.
- Jeter l'effluent et répéter l'étape précédente jusqu'à filtration de tout le lysat

Lavage de la colonne

- Transférer la colonne dans un nouveau tube collecteur nucléase free de 2ml
- Ajouter 500µl de tampon AW1 puis centrifuger pendant 1min à 8000 g
- Transférer la colonne dans un nouveau tube collecteur nucléase free de 2ml
- Ajouter 500µl de tampon AW2 puis centrifuger pendant 3min à 14 000 g
- Transférer la colonne dans un nouveau tube collecteur nucléase free de 2ml
- Centrifuger pendant 1min à 14 000 g pour éliminer toute trace de tampon AW2

Elution d'ARN

- Transférer la colonne dans un nouveau tube collecteur nucléase free de 1,5 ml.
- Déposer au centre de la colonne 60 µl de la solution d'élution (AVE)
- Incuber pendant 5-10 min à température ambiante
- Centrifuger pendant 1min à 8000g.
- Conserver l'ARN à -80°C

Préparation du gel d'agarose à 2% pour le contrôle des produits de PCR

- Dissoudre 1g d'agarose dans 50 ml de TBE ou TAE (1X).
- Ajouter 2µl de bromure d'éthidium (BET) à 10mg/ml.
- Couler le gel dans la cuve d'électrophorèse et laisser refroidir
- Chaque puit est chargé par le mélange composé de 5µl des produits de PCR et 2µl de tampon de charge (solution de dépôt).
- Laisser migrer le gel (100V) pendant 15 à 30 min.
- Visualiser le gel sous UV

Constituant de la PCR : pour un volume finale de 25µl

- H_2O ultra pure : 17 µl
- Tampon 10x : 2,5 µl
- $MgCl_2$ (50mM) : 1,25 µl
- dNTP (12,5mM) : 0,5 µl
- Amorce sens (25pmol) : 0,5 µl
- Amorce anti-sens (25pmol) : 0,5 µl
- Taq DNA polymérase (Invitrogen) : 0,25 µl
- Matrice (ADNc) : 2,5µl

Purification du produit de PCR par Exonuclease I/Phosphatase Alcaline

Distribuer 2µl de Mix de purification [1µl de l'exonucléase I (10U/µl) +1µl de la phosphatase alcaline (1U/µl)] puis ajouter 6µl du produit de PCR à purifier

Incuber dans un thermocycleur selon le programme suivant :

- 37°C pendant 15 minutes
- 85°C pendant 15 minutes

Réaction de séquençage

Préparation d'une réaction de séquence d'un volume final de 10 µl : Séquençage de l'ADN par la Trousse BigDye 3.1.

- Mix :

  Prémix 2,5x : 1 µl

  Tampon 5x : 2µl

  Primer (sens ou anti-sens) (3,2 pmole) : 1µl

  H_2O ultra pure : 2µl

  Produit du purifiat : 4 µl
- Incuber dans un thermocycleur selon le programme suivant :

  - 96°C 5 min
  - 25 cycles de (96°C 10 secondes, 50°C 5 secondes, 60°C 4 minutes)

Purification par précipitation à l'éthanol/EDTA

L'analyse des fragments d'ADN sur séquenceur, est précédée par une purification du produit de la réaction de séquençage, en se basant sur la précipitation de l'ADN séquencé par EDTA/éthanol :

- Ajouter 5µl EDTA [125mM] dans les tubes de PCR
- Ajouter 35µl Ethanol 100%
- Fermer les tubes et mixer par inversion.
- Centrifuger pendant 40 minutes à 4500 t/min et à 12°C
- Vider les tubes par inversion et centrifuger à l'envers pendant 1 min à 2000 t/min pour éliminer l'excès d'éthanol
- Ajouter 50µl d'éthanol 70%
- Centrifuger pendant 15 minutes à 3600 t/min à 12°C
- Vider les tubes par inversion et centrifuger à l'envers pendant 1 min à 2000 t/min et à 12°C
- Laisser sécher les tubes sur la paillasse pendant 15 minutes à l'abri de la lumière.
- Suspendre dans 20µl du Formamide.
- Transférer dans une plaque de séquençage.
- Pour conserver la plaque, envelopper dans du papier aluminium et mettre à -20°C à l'abri de la lumière.

Fiche de renseignement des patients

Nom du patient :

Prénom du patient :

Age :

Sexe :

Date de naissance :

Situation familiale :

Nombre des enfants :

Lieu de résidence :

Lieu de naissance :

Origine ethnique :

Mode de contamination probable :

Dépistage :

Charge virale :

Fibrotest :

Echographie :

Brahim et al. Retrovirology 2012, 9(Suppl 1):P50
http://www.retrovirology.com/content/9/S1/P50

RETROVIROLOGY

POSTER PRESENTATION **Open Access**

Genetic variability of Hepatitis C Virus in Moroccan population

Ikram Brahim*, Abdelah Akil, El Mostafa Mtairag, Régis Pouillot, Abdelouhad El Malki, Richard Njouom, Pascal Pineau, Sayeh Ezzikouri, Soumaya Benjelloun, Salwa Nadir, Rhimou Alaoui

From 17th International Symposium on HIV and Emerging Infectious Diseases (ISHEID)
Marseille, France. 23-25 May 2012

Hepatitis C virus (HCV) evolution is a highly dynamic process. There is little information about molecular epidemiology of HCV isolates in Morocco, an area known for an intermediate prevalence of HCV infection.

The primary aim of this study was to determine the subgenotype distribution of HCV strains in patients with chronic HCV infection in Morocco and an eventual association between HCV subgenotypes and liver cancer. The secondary aim was to estimate the prevalence of amino acid substitutions in the HCV core region in treatment-naive patients from Morocco and an eventual association between amino acid substitutions and liver cancer.

Serum samples from a total of 185 anti-HCV positive patients were included in this study (81 males and 104 females). The identification of HCV genotype and subtype was respectively performed by sequencing of the 5'UTR and core regions and phylogenetic analysis of the NS5B region. HCV demographic history was inferred using a Bayesian Monte Carlo Markov chain analysis. Of the 174 patients with detectable viremia, the core and the NS5B regions were amplified in 152 (87.4%) and 141 (81.0%) patients respectively. Phylogenetic analysis based on NS5B region revealed that most HCV strains were classified into subtypes 1b (75.2%) followed by subtypes 2i (19.1%), 2k (2.8%). Subtypes 2a, 1a, and 4a were found in a single patient. HCV subtype 1b had an even higher prevalence in liver cancer cases (84.4% vs 67.5% in chronic hepatitis, P= 0.031). Using a Bayesian approach, the mean date of appearance of the most recent common ancestor was estimated to be 1910 for HCV-1b and 1854 for HCV-2i. Based on core region, mutations at R70Q or L91M were detected in more than one fourth of patients infected with HCV 1b.

* Correspondence: ikrambrahim@gmail.com
Faculty of Sciences Ain Chock Casablanca, Casablanca, Morocco

Published: 25 May 2012

doi:10.1186/1742-4690-9-S1-P50
Cite this article as: Brahim *et al.*: Genetic variability of Hepatitis C Virus in Moroccan population. *Retrovirology* 2012 9(Suppl 1):P50.

Résumé

La variabilité génétique du virus de l'hépatite C (VHC) est à l'origine de l'émergence et de la diversification de différents génotypes du virus. Cette variabilité est impliquée dans la physiopathologie de l'infection, aussi bien dans les mécanismes de persistance virale que dans la résistance aux molécules antivirales. Au Maroc, la caractérisation génétique des souches circulantes de ce virus reste mal documentée. L'identification du sous-type devient primordiale pour déterminer les modalités de prise en charge thérapeutique. Le but de ce travail est donc d'étudier la variabilité génétique et l'épidémiologie des souches VHC circulantes au Maroc, leur dynamique d'évolution au cours du temps et d'identifier les mutations dans la région codant la protéine de la capside. Parmi les 185 patients anti-VHC positifs, 174 patients ont été détectés positifs en 5'NC. Les régions de la capside et de NS5B ont été amplifiées dans 152 (87,4%) et 141 (81,0%) patients respectivement. Après séquençage et analyse phylogénétique, les sous-types 1b et 2i étaient majoritaires avec des prévalences de 75,2% et 19,1% respectivement. Les sous-types 2k, 1a, 2a, et 4a restaient minoritaires. Le sous-type 1b semblerait plus fréquent chez les patients présentant un carcinome hépatocellulaire (CHC) avec 84,4% des CHC vs 67,5% des patients ayant une hépatite C chronique modérée (P=0,031). De plus, l'analyse Bayésienne des deux sous-types prédominants a montré que l'ancêtre commun le plus récent datait de 1910 pour le sous-type 1b et de 1854 pour le sous-type 2i. Les mutations dans la région codant la protéine de capside R70Q et/ou L91M ont été détectées chez plus d'un quart des patients infectés par le VHC de sous-type 1b.

Mots-clés : virus de l'hépatite C, génotype, sous-type 1b, hépatite chronique, carcinome hépatocellulaire, mutation, analyse bayésienne

Abstract

The hepatitis C Virus (HCV) presents a high degree of genetic variability which is explained by the combination of a lack of proof reading by the RNA dependant RNA polymerase and a high level of viral replication. There is a little information about molecular epidemiology of HCV isolates in Morocco. This genetic diversity is known to reflect the range of responses to Interferon therapy. The genotype is one of the predictive parameters currently used to define the antiviral treatment strategy and the chance of therapeutic success. The aim of this study was to determine the subgenotype distribution of HCV strains in patients with chronic HCV infection in Morocco and to estimate the prevalence of amino acid substitutions in the HCV core region in treatment-naive patients from Morocco. Serum samples from a total of 185 anti-HCV positive patients were included in this study. The identification of HCV genotype and subtype was respectively performed by sequencing of the 5'UTR, core regions and phylogenetic analysis of the NS5B region. HCV demographic history was inferred using a Bayesian Monte Carlo Markov chain analysis. Among the 174 patients with detectable viremia, the core and the NS5B regions were amplified in 152 (87.4%) and 141 (81.0%) patients respectively. Phylogenetic analysis based on NS5B region revealed that most HCV strains were classified into subtypes 1b (75.2%) followed by subtypes 2i (19.1%), 2k (2.8%). Subtypes 2a, 1a, and 4a were found in a single patient. HCV subtype 1b had an even higher prevalence in hepatocellular carcinoma (84.4% vs 67.5% in chronic hepatitis, P=0.031). Using a Bayesian approach, the mean date of appearance of the most recent common ancestor was estimated to be 1910 for HCV-1b and 1854 for HCV-2i. Based on core region, mutations at R70Q or L91M were detected in more than one fourth of patients infected with HCV 1b.

Keywords: hepatitis C virus, genotype, subtype1b, chronic hepatitis, hepatocellular carcinoma, mutation, Bayesian analysis

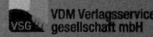

MIX
Papier aus verantwortungsvollen Quellen
Paper from responsible sources
FSC® C105338

Printed by Books on Demand GmbH, Norderstedt / Germany